渔政执法海洋捕捞类系列培训教材

常见海洋捕捞
品种与保护物种

刘勇　金艳　张翼　程家骅　主编

CHANGJIAN
HAIYANG BULAO PINZHONG
YU BAOHU WUZHONG

中国农业出版社
农村读物出版社
北　京

编写人员名单
BIANXIE RENYUAN MINGDAN

主　　编：刘　勇　金　艳　张　翼　程家骅

参编人员（按姓氏笔画排序）：

刘尊雷　严利平　李圣法　李建生

李惠玉　杨林林　张　辉　陈　诚

林　昱　胡　芬　姜亚洲　袁兴伟

前 言

　　我国近海海域辽阔，由北至南有渤海、黄海、东海和南海四大海域，海洋总面积约 354.73 万 km^2，其中水深 200 m 以内的大陆架面积为 148 万 km^2，可供海洋捕捞生产的渔场面积约 281 万 km^2。大陆海岸线北起辽宁省的鸭绿江口，南至广西壮族自治区的北仑河口，长达 18 000 km 以上。沿海江河年入海径流量达 18 800 多亿 m^3，夹带着大量有机质和营养盐注入海洋，为近海高生产力渔场的形成与海洋生物的生长提供了极为丰富的营养基础，造就了我国近海复杂多样的海洋生态系统，丰富多彩的海洋生物物种、生态类群和群落结构。据记载，我国海洋生物有 28 000 余种，其中经济价值较高的渔业资源有 200 余种。

　　长期以来，我国沿海各省份海洋渔业资源的捕捞强度基本上处于持续增长的状态，对渔业资源的利用经历了由利用不足到充分利用、再到过度利用的发展过程。在 20 余年的过度利用阶段，相关部门尽管多次调整海洋捕捞作业结构和相关渔业资源养护措施，却并未带来根本性的转变。特别是当前各海区底层主要经济鱼类资源仍承受着高强度的捕捞压力，资源已经显著衰退，海洋捕捞渔获物正在向低值、劣质转变，海洋渔业产量呈现出低值鱼、低龄鱼和小型鱼渔获量居高不下的高产假象，渔业资源正朝着不利于人们利用的方向发展，渔业资源质量的总体状况仍令人担忧。

党的十八大以来，党中央高度重视社会主义生态文明建设，坚持把生态文明建设作为统筹推进"五位一体"总体布局和协调推进"四个全面"战略布局的重要内容，坚持节约资源和保护环境的基本国策，坚持绿色发展，把生态文明建设融入经济建设、政治建设、文化建设、社会建设各方面和全过程，加大生态环境保护建设力度，推动生态文明建设在重点突破中实现整体推进。为尽快阻止海洋生物资源持续恶化，重建海洋生态文明景观，农业农村部按照党中央的部署，先后优化调整或出台了诸如伏季休渔制度等一系列渔业资源养护管理措施。基于此，为提高我国基层渔业执法人员的业务能力，加大渔港码头与市场监管力度，农业农村部渔业渔政管理局组织有关科研与执法单位，编制了这套图文并茂、通俗易懂、方便查阅的"渔政执法海洋捕捞类系列培训教材"，以便一线执法人员更好地掌握各海区的捕捞品种、保护物种、渔具渔法等专业知识，有效辅助我国海洋渔业管理的规范、准确与快捷执法。

　　本书根据我国各海区渔业资源种类和保护物种的不同，分列出渔政执法和市场监管中常见的33种鱼类、6种甲壳类和3种头足类及其相似种等海洋捕捞品种，以及4种鱼类、6种鲸豚类和5种龟类等保护物种，并结合实物图①和识别要点图示②对其学名、形态特征、分布、渔业等内容进行了简述，旨在为一线执法人员快速鉴别各海区的主要捕捞品种、保护物种，科学执法、规范执法提供支撑。

　　中国水产科学研究院东海水产研究所渔业资源实验室全体同仁参与了本书的编写，农业农村部渔业渔政管理局刘新中、袁晓初等领导对全书的结构编排给予了悉心指导。在此对大家的热忱帮助与支持表示衷心的感谢。由于时间和水平所限，书中的内容与观点难免有不足之处，恳望业内外专家和读者予以批评指正。

程家骅

2018 年 12 月 25 日

---

　　① 主要引自《渔业统计常见品种图鉴》(2010)，正文中不再作说明，其他非该书引图，列引出处；部分图片为自摄。
　　② 主要引自《东海黄海鱼类名称和图解》(2009)，正文中不再作说明，其他非该书引图，列引出处。

目 录
CONTENTS

前言

常见海洋捕捞品种

第一章

鱼　类

一、海鳗

渔业统计中的"海鳗"是海洋鳗形目鱼类的统称。

1. 学名

海鳗 *Muraenesox cinereus*（Forsskål，1775），见图 1-1。

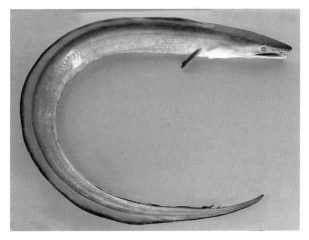

图 1-1　海　鳗

2. 识别要点

海鳗的识别要点见图 1-2。

3. 同种异名

无。

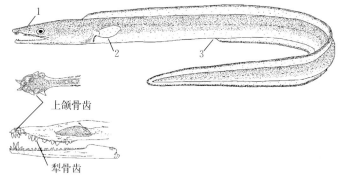

图 1-2 海鳗的识别要点

1. 上下颌前部的齿和犁骨齿最大 2. 胸鳍存在

3. 肛门位于体中部前方,肛前侧线孔 40～47 个,肛前背鳍鳍条 66～78 枚

4. 俗名

勾鱼、狼牙鳝(辽宁、河北),即勾、狼牙(山东),狗鳗、大小毛口、大小毛、鲍鳗(浙江),黄鳗、赤鳗(福建),门鳝(广东)。

5. 形态特征

体近长圆筒形,后部侧扁。口裂稍伸达眼后方。两颌具 3 行强大而锐利齿,下颌外侧齿直立。背鳍始于鳃孔稍前方。背鳍、臀鳍和尾鳍相连。无腹鳍。体无鳞。有侧线。体背侧灰色或暗褐色,腹部近乳白色。

6. 分布

海鳗栖息于水深 50～80 m 的泥沙底或沙泥底海区。多栖居泥洞内,在浪大水浊时常出动觅食,傍晚和凌晨更为活跃。生殖期为每年 4—7 月。我国沿海均有分布。

7. 渔业

海鳗是我国重要经济鱼类之一,为东海和黄海主要捕捞对象。捕捞渔具以底拖网和延绳钓为主。2014—2016 年全国海鳗的渔业统计年产量为 38 万余 t，见表 1-1。

表 1-1　2014—2016 年各地区海鳗海洋捕捞统计产量（t）

地区	2014 年	2015 年	2016 年
辽宁	1 002	895	897
河北			
天津			
山东	28 136	25 871	23 686
江苏	7 903	8 111	7 918
上海	198	223	203
浙江	86 608	88 126	83 477
福建	69 768	70 850	71 743
广东	85 024	86 237	90 888
广西	13 931	13 930	14 001
海南	89 095	92 995	96 718
全国	381 665	387 238	389 531

8. 养殖与野生鉴别

海鳗没有养殖。但有捕捞活体的暂养行为，目的是销售活鱼，提高售价。

9. 可捕标准

（1）行业标准：暂无。

（2）海区标准：暂无。

（3）地方标准：浙江省可捕标准为体重≥500 g，或肛长≥275 mm。

10. 幼鱼比例检查建议

幼鱼比例执法检查时，建议暂先按浙江省颁布的地方标准在当地执行。即幼鱼比例不得超过同种类渔获量的 20%，航次幼鱼合计比例不得超过航次总渔获量的 25%。

二、鳓

1. 学名

鳓 *Ilisha elongata*（Bonnett，1830），见图 1 - 3。

图 1 - 3　鳓

2. 识别要点

鳓的识别要点见图 1 - 4。

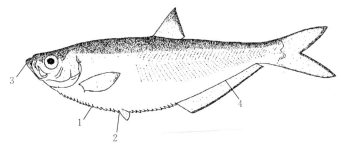

图 1 - 4　鳓的识别要点

1. 腹部具鳞片　2. 腹鳍起点位于背鳍起点之前

3. 下颌显著向前突出　4. 臀鳍基长远大于头长

3. 同种异名

无。

4. 俗名

快鱼、会鱼（辽宁、河北），白鳞鱼（山东），鲞、力鱼（江苏、上海、浙江)、白力鱼(福建)、曹白鱼(广东)。

5. 形态特征

体延长,侧扁稍高。腹部窄而尖,具锯齿状锐利棱鳞。纵列鳞52~55。下颌向上翘,口裂近垂直。背鳍短,始于臀鳍前上方。腹鳍小。臀鳍基底较长,具有44~52枚鳍条。体背部灰色,体侧银白色。

6. 分布

我国沿海均有分布。

7. 渔业

该种是我国重要海产优质经济鱼类之一,是流刺网作业的专捕对象,也是围网和拖网的兼捕对象。2014—2016年全国鲥的海洋捕捞年产量为8.04万~8.51万t,见表1-2。

表1-2 2014—2016年各地区鲥海洋捕捞统计产量(t)

地区	2014 年	2015 年	2016 年
辽宁	425	529	524
河北			
天津			
山东		20	
江苏	2 439	2 450	2 443
上海	20	36	63
浙江	9 651	13 146	13 989
福建	14 026	14 404	13 888
广东	27 192	28 020	27 167
广西	22 846	22 566	22 746
海南	3 849	3 957	3 969
全国	80 448	85 128	84 789

8. 养殖与野生鉴别

鲥暂无养殖。

9. 可捕标准

（1）行业标准：暂无。

（2）海区标准：渤海区可捕标准为叉长≥280 mm。

（3）地方标准：浙江省可捕标准为体重≥150 g，或叉长≥260 mm。

10. 幼鱼比例检查建议

幼鱼比例执法检查时，建议暂先按浙江省颁布的地方标准在浙江和黄渤海区执行。即幼鱼比例不得超过同种类渔获量的20%，航次幼鱼合计比例不得超过航次总渔获量的25%。

三、鲱鱼

渔业统计中的"鲱鱼"是指脂眼鲱、鲱及其近似种的统称。

（一）脂眼鲱

1. 学名

脂眼鲱 *Etrumeus teres*（Deky，1842），见图1-5。

图1-5　脂眼鲱

2. 识别要点

脂眼鲱的识别要点见图1-6。

3. 同种异名

无。

4. 俗名

管乾、圆仔（福建），乾（广东）。

5. 形态特征

体延长，侧扁。躯干部较厚，尾部稍侧扁。腹部圆，无棱

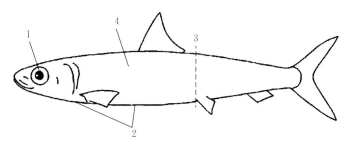

图 1-6　脂眼鲱的识别要点

1. 眼被脂眼睑覆盖，无垂直裂隙　2. 无腹部鳞片
3. 腹鳍起点位于背鳍基后部　4. 躯干侧面无黑点
（引自海外渔业协力财团，1995）

鳞。眼大、上侧位，眼完全被脂眼睑覆盖。背鳍位于腹鳍前方。胸鳍和腹鳍具长大腋鳞。无侧线。体背蓝绿色，腹部白色。

6. 分布

我国黄海南部、东海和南海均有分布。

7. 渔业

脂眼鲱是福建、台湾和广东 3 省灯光围网和拖网作业的主要捕捞对象之一。

8. 养殖与野生鉴别

无养殖。

9. 可捕标准

（1）行业标准：暂无。

（2）海区标准：暂无。

（3）地方标准：暂无。

10. 幼鱼比例检查建议

暂无建议。

（二）鲱

1. 学名

鲱 *Clupea pallasii* （Valenciennes，1847），见图 1-7。

图 1-7 鲱

2. 识别要点

鲱的识别要点见图 1-8。

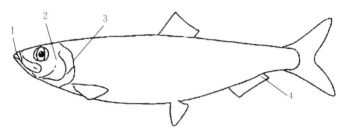

图 1-8 鲱的识别要点

1. 上颌在联合处无凹口 2. 鳃盖平滑，无骨细沟
3. 鳃孔后缘无肉突 4. 臀鳍后部两鳍条未延长
（引自海外渔业协力财团，1995）

3. 同种异名

无。

4. 俗名

青鱼（辽宁、河北、山东），青条鱼（江苏、上海、福建）。

5. 形态特征

体长形，侧扁。腹部稍圆。头两侧各有一棱脊。鳃盖光滑。背鳍始于腹鳍起点的前上方，位于吻端至尾鳍基的中间。臀鳍起点距腹鳍较距尾鳍基近。背部青绿色，体侧及腹部银白色。

6. 分布

主要分布在我国渤海和黄海。

7. 渔业

是黄海中上层鱼类中的主要捕捞对象之一。主要捕捞渔具为围网、拖网、流刺网和定置网等。

8. 养殖与野生鉴别

无养殖。

9. 可捕标准

（1）行业标准：暂无。

（2）海区标准：暂无。

（3）地方标准：暂无。

10. 幼鱼比例检查建议

暂无建议。

（三）鲱鱼渔业产量

历史上我国近海能够构成渔业规模的鲱鱼主要有脂眼鲱和鲱2个种类，2014—2016年我国鲱鱼海洋捕捞产量较稳定，其中又以南方各沿海地区产量较高，见表1-3。

表1-3 2014—2016年各地区鲱鱼海洋捕捞统计产量（t）

地区	2014 年	2015 年	2016 年
辽宁	24	15	14
河北			
天津			
山东			
江苏	30	30	32
上海			
浙江	2 842	2 766	3 261
福建	3 917	3 848	4 077

（续）

地区	2014 年	2015 年	2016 年
广东	4 543	3 983	4 455
广西	956	951	961
海南	3 497	3 710	4 181
全国	15 809	15 303	16 981

四、沙丁鱼

"沙丁鱼"是对具有渔业价值的金色小沙丁鱼及其近似种的统称。本部分简要介绍青鳞小沙丁鱼和金色小沙丁鱼 2 种。

（一）青鳞小沙丁鱼

1. 学名

青鳞小沙丁鱼 *Sardinella zunsi*（Bleeker，1854），见图 1-9。

图 1-9 青鳞小沙丁鱼

2. 识别要点

青鳞小沙丁鱼的识别要点见图 1-10。

3. 同种异名

无。

4. 俗名

柳叶鱼、青皮、青鳞（辽宁、河北、山东、上海），沙丁鱼（浙江），青鳞（福建）。

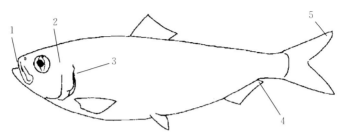

图 1-10　青鳞小沙丁鱼的识别要点

1. 上颌在联合处无凹口　2. 鳃盖平滑，无骨细沟　3. 鳃孔后缘具 2 个肉突
4. 臀鳍后部两鳍条稍延长　5. 尾鳍末端边缘非黑色
（引自海外渔业协力财团，1995）

5. 形态特征

体长椭圆形，侧扁而高，腹部具锐利棱鳞。口前上位。下颌稍长于上颌。腹鳍具 8 枚鳍条。背鳍前基无黑斑，鳃盖后上角具一大黑斑，下鳃耙 48～57。头背和体背缘均呈深灰色，体侧上方青绿色、下方银白色。

6. 分布

我国沿海均有分布。

7. 渔业

主要捕捞渔具为流刺网、拖网、围网、张网类等。

8. 养殖与野生鉴别

无养殖。

9. 可捕标准

（1）行业标准：暂无。

（2）海区标准：暂无。

（3）地方标准：暂无。

10. 幼鱼比例检查建议

暂无建议。

（二）金色小沙丁鱼

1. 学名

金色小沙丁鱼 *Sardinella lemuru*（Bleeker，1853），见图 1 - 11。

图 1 - 11　金色小沙丁鱼

2. 识别要点

金色小沙丁鱼的识别要点见图 1 - 12。

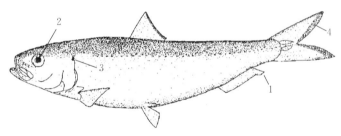

图 1 - 12　金色小沙丁鱼的识别要点

1. 臀鳍最后 2 枚鳍条稍延长　2. 具眼睑　3. 鳃盖上部具一黑点　4. 尾鳍后缘黑色

3. 同种异名

无。

4. 俗名

青鳞鱼（福建），黄泽（广东）。

5. 形态特征

体长梭形，稍侧扁，腹部具不很明显的棱鳞。口前位。上下颌约等长。上颌骨末端伸至瞳孔前端下方。背鳍始于腹鳍前上方，距吻端较距尾基近。腹鳍具 9 枚鳍条。下鳃耙 77～188。体背部青绿色，沿体侧下方有一金黄色纵带，体侧下方与腹部银白色，鳃盖上部具一黑点。

6. 分布

我国近海主要分布于东海和南海。

7. 渔业

金色小沙丁鱼是我国福建、浙江和广东近海重要经济鱼类之一。主要捕捞渔具为拖网、流刺网和围网等。

8. 养殖与野生鉴别

无养殖。

9. 可捕标准

（1）行业标准：暂无。

（2）海区标准：暂无。

（3）地方标准：暂无。

10. 幼鱼比例检查建议

暂无建议。

（三）沙丁鱼渔业产量

历史上我国近海能够构成渔业规模的沙丁鱼主要有青鳞小沙丁鱼、金色小沙丁鱼 2 个种类。此外，东海北部外海还有远东拟沙丁鱼，但主要为日本利用，我国利用极少。2014—2016 年我国沙丁鱼的海洋捕捞产量较稳定，其中南方各沿海地区产量较高，见表 1－4。

表 1－4　2014—2016 年各地区沙丁鱼海洋捕捞统计产量（t）

地区	2014 年	2015 年	2016 年
辽宁	9 023	5 950	5 276
河北			

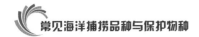
（续）

地区	2014 年	2015 年	2016 年
天津			
山东	5 300	6 790	6 944
江苏	358	344	244
上海			
浙江	23 920	15 775	14 397
福建	13 905	13 877	12 901
广东	62 613	66 259	67 241
广西	12 941	12 766	12 856
海南	22 987	24 471	25 033
全国	151 047	146 232	144 892

五、鳀

1. 学名

鳀 *Engraulis japonicus*（Temminck et Schlegel，1846），见图 1 - 13。

图 1 - 13　鳀

2. 识别要点

鳀的识别要点见图 1 - 14。

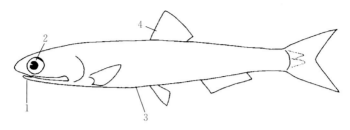

图 1-14　鲲的识别要点

1. 口鼻部突出，口下位，上颌长于下颌，口裂延伸至眼后
2. 具脂眼睑　3. 腹部无棱鳞　4. 背鳍位置靠近躯干中线
（引自海外渔业协力财团，1995）

3. 同种异名

无。

4. 俗名

抽条（辽宁、河北），离水烂、老眼尿（山东），烂肚翁、烂船丁、海、丁鱼（江苏、上海、浙江），乌尧、丁香（稚幼鱼）、乌江、海河（福建）。

5. 形态特征

体延长，稍侧扁。腹部圆，无棱鳞。头稍侧扁，吻尖突，上颌突出，上颌骨后伸不达鳃孔。眼大，上侧位，被脂膜覆盖。背鳍始于腹鳍起点稍后方。尾部中长，尾鳍与臀鳍分离。胸鳍上部无游离鳍条。臀鳍具 17～23 枚鳍条。体被圆鳞，易脱落，头部无鳞。无侧线。

6. 分布

我国沿海均有分布。

7. 渔业

鲲是中、上层小型鱼类，主要捕捞渔具为变水层拖网、近岸张网和地拉网等。2014—2016 年鲲的捕捞产量较稳定，其中山东的捕捞产量最大，主要用于鱼粉加工，见表 1-5。

表 1-5　2014—2016 年各地区鲅海洋捕捞统计产量（t）

地区	2014 年	2015 年	2016 年
辽宁	97 102	85 937	100 445
河北	56 752	52 576	58 462
天津	33 848	26 065	33 694
山东	564 678	566 241	572 930
江苏	2 764	2 184	2 643
上海			
浙江	73 001	65 197	81 962
福建	78 807	77 894	82 620
广东	31 016	32 892	32 978
广西			
海南	17 782	17 476	17 949
全国	955 750	926 462	983 683

8. 养殖与野生鉴别

暂无人工养殖。

9. 可捕标准

（1）行业标准：暂无。

（2）海区标准：暂无。

（3）地方标准：暂无。

10. 幼鱼比例检查建议

暂无建议。

六、鲹

1. 学名

鲹 *Liza haematocheila*（Temminck et Schlegel，1845），见图 1-15。

图 1-15　鲅

2. 识别要点

鲅的识别要点见图 1-16。

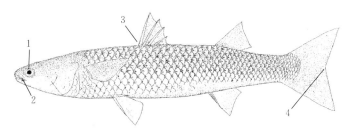

图 1-16　鲅的识别要点

1. 脂眼睑不发达，仅存在于眼的边缘　2. 上颌骨后端外露，在口角后急剧下弯
3. 第一背鳍起点距吻端较尾鳍基稍近　4. 尾鳍略凹

3. 同种异名

赤眼鲅。

4. 俗名

梭鱼，红眼、肉棍子（辽宁、河北、山东、江苏），赤眼梭
（江苏），赤眼鲻、草鲻、红眼鲻、梭鲻（上海），鲻鱼、黄眼
（浙江），红目鲢、红目呆（福建），斋鱼（广东），西鱼（海南）。

5. 形态特征

体长梭形，前部亚圆筒形，尾部侧扁，背缘平直，腹部圆
形。背鳍 2 个，相距甚远。脂眼睑不发达，仅存在于眼的边缘。
口裂平。上颌骨后端外露，在口角后急剧下弯。体青灰色，腹部

白色，各鳍浅灰色。

6. 分布

鲅无长距离洄游。12 月离开近岸浅水区游到深水区越冬；翌年 3 月下旬向近岸浅水区索饵育肥；4 月底至 5 月初成鱼在河口区产卵，产卵后仍在浅水区索饵直到深秋。我国沿海江、河口咸淡水区及海湾内均有分布，亦可进入淡水。

7. 渔业

鲅是近海广温广盐性鱼类，是近海鲅跳网和鲅定刺网的捕捞对象。2014—2016 年全国鲅的渔业统计海洋捕捞年产量为 1.6 万 t 左右，见表 1-6。

表 1-6　2014—2016 年各地区鲅海洋捕捞统计产量（t）

地区	2014 年	2015 年	2016 年
辽宁	23 461	22 877	23 784
河北	10 943	11 464	12 708
天津	288	334	322
山东	33 729	34 820	34 145
江苏	9 218	9 487	9 151
上海			
浙江	7 000	6 259	6 492
福建	14 550	17 033	17 947
广东	25 654	25 470	26 436
广西	10 531	10 515	10 618
海南	19 489	20 705	21 843
全国	154 863	158 964	163 446

8. 养殖与野生鉴别

鲅是我国北方沿海咸淡水主要养殖鱼类之一，养殖方式主要为纳苗粗养。养殖与野生之间难见明显区别特征。

9. 可捕标准

（1）行业标准：暂无。

（2）海区标准：渤海区可捕标准为体长≥300 mm。

（3）地方标准：暂无。

10. 幼鱼比例检查建议

幼鱼比例执法检查时，建议暂先参照渤海区可捕标准在当地执行。即幼鱼比例不得超过同种类渔获量的20％，航次幼鱼合计比例不得超过航次总渔获量的25％。

七、鲻

1. 学名

鲻 *Mugil cephalus*（Linnaeus，1758），见图 1-17。

图 1-17 鲻

2. 识别要点

鲻的识别要点见图 1-18。

3. 同种异名

无。

4. 俗名

白眼、青眼、梭鲻鱼（辽宁、河北、山东），乌鲻、乌仔鱼、青头、乌头（江苏、上海、浙江、福建），斋鱼、际鱼、黑耳鲻（广东、广西），乌头鲻（海南）。

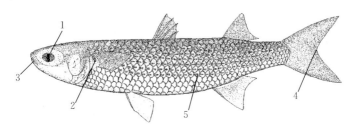

图 1 - 18   鲻的识别要点

1. 脂眼睑发达   2. 胸鳍基部上方具一蓝色斑块，鳍条银白色
3. 上颌骨完全被眶前骨所盖，在口角后端不下弯   4. 尾鳍叉形
5. 体侧有 6～7 条暗褐色纵线

5. 形态特征

头较小，稍侧扁，头顶颇宽。口下位，口裂小且平。上颌骨完全被眶前骨所盖，在口角后端不下弯。脂眼睑发达，伸达瞳孔。齿细，鳃耙细密。舌大无齿。鳞大，头部被圆鳞，体被弱栉鳞。无侧线。前后背鳍分离，尾鳍叉形。体色青灰，腹部银白色。胸鳍基部上方具一蓝色斑块。

6. 分布

我国沿海近岸河口的咸淡水交界处均有分布，有时也进入下游淡水湖泊。

7. 渔业

鲻广泛分布于我国沿岸，是我国重要的经济鱼类之一。主要为沿岸流刺网与张网捕捞，捕捞产量见表 1 - 7。

表 1 - 7   2014—2016 年各地区鲻海洋捕捞统计产量（t）

地区	2014 年	2015 年	2016 年
辽宁	8 354	9 262	9 783
河北	6 090	6 606	6 811
天津			

（续）

地区	2014 年	2015 年	2016 年
山东	530	420	
江苏	11 653	11 682	11 607
上海			
浙江	31 010	30 452	23 918
福建	14 800	22 631	22 540
广东	24 036	23 415	14 467
广西	8 584	8 504	8 533
海南	13 625	13 761	13 822
全国	118 682	126 733	111 481

8. 养殖与野生鉴别

鲻在我国南方沿海有捕捞天然苗养殖，但规模不大。养殖与野生之间难见明显区别特征。

9. 可捕标准

（1）行业标准：暂无。

（2）海区标准：暂无。

（3）地方标准：暂无。

10. 幼鱼比例检查建议

暂无建议。

八、中国花鲈

1. 学名

中国花鲈 *Lateolabrax maculates*（Mc Clelland，1844），见图 1 - 19。

2. 识别要点

中国花鲈的识别要点见图 1 - 20。

图 1-19　中国花鲈

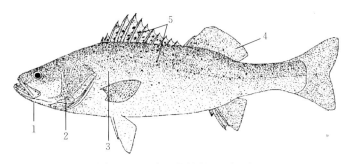

图 1-20　中国花鲈的识别要点

1. 下颌无鳞　2. 前鳃盖骨后缘具锯齿，隅角处一锯齿较大，下缘有三棘
3. 腹鳍起点在胸鳍基后缘　4. 背鳍鳍条 12～14 枚　5. 体色青灰，腹部银白色；
体侧及第一背鳍鳍膜具若干黑色斑点，随年龄增长黑斑会逐渐隐退

3. 同种异名

无。

4. 俗名

鲈鱼、鲈板、花塞、鲈子鱼（辽宁、河北、山东），花鲈、
鲁鱼、青鲈、海鲈鱼。

5. 形态特征

体延长而侧扁。侧线完全，与体背缘平行。体被细小栉鳞，
皮层粗糙，鳞片不易脱落。体背侧青灰色，腹侧灰白色。背侧及
第一背鳍散布若干黑色斑点，斑点常随年龄增长逐渐减少。头前

部较尖，下颌长于上颌，上颌骨后端扩大，伸达眼后缘下方。两颌齿细小，呈带状。前鳃盖骨后缘有细锯齿，隅角及下缘有三钝棘。

6. 分布

我国沿海均产，广泛分布于我国黄海、渤海、东海和南海，包括台湾和海南岛沿岸，黄海东部、朝鲜半岛西部沿岸和南海北部湾西部越南沿岸也有分布。终年栖息于近海，尤其栖息于河口咸淡水水域，活动于水体中下层，不做远距离洄游。

7. 渔业

中国花鲈是我国沿岸水域常见的经济鱼类之一，主要捕捞渔具有底拖网、插网、流刺网和滚钩等。由于种群规模不大，其产量未列入渔业统计对象。

中国花鲈也是良好的养殖品种，生长快，也可淡化养殖，是我国沿海网箱和废旧虾塘养殖对象之一。2014—2016 年渔业统计海水养殖年均产量为 12.5 万 t，见表 1-8。

表 1-8　2014—2016 年各地区中国花鲈海水养殖统计产量（t）

地区	2014 年	2015 年	2016 年
辽宁	1 228	1 877	7 392
河北	40		
天津	87	100	23
山东	16 190	17 482	12 815
江苏	1 568	1 520	1 586
上海			
浙江	7 600	7 946	8 433
福建	25 127	27 407	30 120
广东	51 506	55 400	69 615
广西	6 863	7 495	6 323
海南	3 594	3 315	3 157
全国	113 803	122 542	139 464

8. 养殖与野生鉴别

养殖与野生之间难见明显区别特征。

9. 可捕标准

（1）行业标准：暂无。

（2）海区标准：渤海区可捕标准为体长≥400 mm。

（3）地方标准：暂无。

10. 幼鱼比例检查建议

幼鱼比例执法检查时，建议暂先参照渤海区可捕标准在当地执行。即幼鱼比例不得超过同种类渔获量的 20％，航次幼鱼合计比例不得超过航次总渔获量的 25％。

九、短尾大眼鲷

1. 学名

短尾大眼鲷 *Priacanthus macracanthus*（Cuvier，1829），见图 1 - 21。

图 1 - 21　短尾大眼鲷

2. 识别要点

短尾大眼鲷的识别要点见图 1 - 22。

3. 形态相似种类

黑鳍大眼鲷 *Priacanthus boops*，见图 1 - 23。

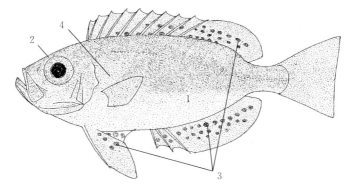

图 1-22　短尾大眼鲷的识别要点

1. 体赤色，腹部色较浅　2. 眼很大，上缘几达背缘
3. 背鳍、臀鳍和腹鳍鳍膜间有棕黄色斑点　4. 鳞片细小粗糙，坚厚不易脱落

图 1-23　黑鳍大眼鲷

识别特征：①腹鳍长而大，末端超过臀鳍起点，鳍膜黑色；②体色较短尾大眼鲷更为深红。

4. 同种异名

无。

5. 俗名

大眼鲷、大眼圈（上海、浙江），红目迪、方丰、大目壳、红目圭、红目屯、红目猴（福建），大目、大鲢、大眼鸡、大眼圈、红木鲢、沙亚（广东）。

6. 形态特征

体长椭圆形，侧扁。眼很大，上缘几达背缘。口大，前颌骨能伸出。两颌前端齿尖锥形，斜向内侧。前鳃盖骨边缘具细锯齿，隅角处有一强棘。腹鳍短于头长。尾鳍上下叶不延长。体赤色，腹部色较浅，背鳍、臀鳍和腹鳍鳍膜间有棕黄色斑点。

7. 分布

短尾大眼鲷为高温高盐种类，我国黄海、东海和南海均有分布，主要分布在暖流控制区。

8. 渔业

短尾大眼鲷是南海底拖网主要捕捞对象之一，也是东海底拖网兼捕对象之一。渔业统计未将该种列入统计数据，仅有鲷鱼产量统计，但长期渔业资源监测结果表明，其产量约占鲷鱼总产量的50%以上。2014—2016年鲷鱼的海洋捕捞统计年产量为17.0万～17.3万 t，见表1-9。

表1-9　2014—2016年各地区鲷鱼海洋捕捞统计产量（t）

地区	2014 年	2015 年	2016 年
辽宁	75	12	21
河北			
天津			
山东	80	55	50
江苏	122	121	103
上海			
浙江	5 135	5 726	5 026
福建	63 313	60 424	61 171
广东	45 377	45 056	48 913
广西	26 850	26 878	27 114
海南	31 995	32 552	27 511
全国	172 947	170 824	169 909

9. 养殖与野生鉴别

目前短尾大眼鲷尚无人工养殖。

10. 可捕标准

（1）行业标准：水产行业可捕标准为体长≥160 mm。

（2）海区标准：暂无。

（3）地方标准：暂无。

11. 幼鱼比例检查建议

幼鱼比例执法检查时，建议按水产行业可捕标准执行。即幼鱼比例不得超过同种类渔获量的 20%，航次幼鱼合计比例不得超过航次总渔获量的 25%。

十、石斑鱼

渔业统计中的"石斑鱼"是对石斑鱼属鱼类的统称。本部分简要介绍青石斑鱼和赤点石斑鱼 2 种。

（一）青石斑鱼

1. 学名

青石斑鱼 *Epinephelus awoara*（Temminck et Schlegel，1842），见图 1-24。

图 1-24　青石斑鱼

2. 识别要点

青石斑鱼的识别要点见图 1 - 25。

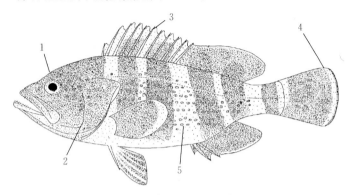

图 1 - 25　青石斑鱼的识别要点

1. 眶前骨区域略微前凸　2. 前鳃盖骨后缘下角具 2～3 枚小棘
3. 背鳍前棘比后棘长　4. 尾鳍圆形　5. 体棕黄色，具 6 条横带；体侧具大量黄色斑点

3. 同种异名

无。

4. 俗名

石斑鱼、鸡鱼（浙江），土鲙〔kuài〕、腊鲙（福建），青斑、泥斑、青鮨〔yì〕（广东）。

5. 形态特征

体长椭圆形，侧扁。眼上侧位。眼间隔窄，微突起，为眼径的 0.8～1.2 倍。下颌微突出，前颌骨稍能向前伸出。上颌骨后端伸达眼后缘下方。体被细小栉鳞。侧线完全，与背缘平行。胸鳍长小于眼后头长。尾鳍后缘圆形。体侧具 6 条不中断横带，前 2 条横带不斜向前方。

6. 分布

青石斑鱼在我国黄海、东海和南海均有分布，喜栖息于沿岸岛屿附近的岩礁、沙砾、珊瑚礁底质的海区。南海较多，常年均可捕获，以春、夏季为渔获旺季。

7. 渔业

该种主要捕捞方式为延绳钓、手钓，拖网时有兼捕。

8. 养殖与野生鉴别

目前，青石斑鱼主要养殖区域为浙江舟山以南海区，以海水网箱和池塘养殖为主。

青石斑鱼野生与养殖个体形态上难见明显特征区别。但野生的青石斑鱼肉身比较结实，肉质比较粗，鱼肉味道比较重，有一种淡淡的鱼腥味。养殖的则相反，味道比较轻，吃起来会相对细滑一些。

9. 可捕标准

（1）行业标准：暂无。

（2）海区标准：暂无。

（3）地方标准：浙江省可捕标准为体重≥250 g，或体长≥245 mm。

10. 幼鱼比例检查建议

幼鱼比例执法检查时，建议暂先参照浙江省地方标准在当地执行。即幼鱼比例不得超过同种类渔获量的20％，航次幼鱼合计比例不得超过航次总渔获量的25％。

（二）赤点石斑鱼

1. 学名

赤点石斑鱼 *Epinephelus akaara*（Temminck et Schlegel，1842），见图1-26。

2. 识别要点

赤点石斑鱼的识别要点见图1-27。

3. 同种异名

无。

4. 俗名

红过鱼、花鱼、花斑、石斑（广东）。

图 1 - 26　赤点石斑鱼

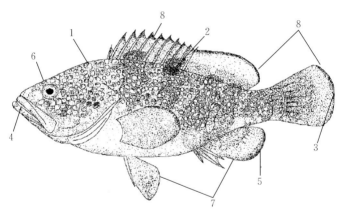

图 1 - 27　赤点石斑鱼的识别要点

1. 头和躯干部具有许多橙色或黄色斑点，直径近似眼球
2. 背鳍第九和第十鳍棘基部具一大黑斑点　3. 尾鳍圆形　4. 下颌中央具 2 排齿
5. 臀鳍具 8 枚软条　6. 眶前骨区域扁平　7. 腹鳍和臀鳍非黑色
8. 背鳍和尾鳍边缘橙色

5. 形态特征

体长椭圆形，侧扁而粗壮，背、腹缘圆弧形。眼间隔稍突

出，小于眼径。鳃盖骨后缘具3枚扁平棘，中央棘较大。体被小栉鳞，头部除上下颌外均被细鳞。胸鳍长约等于眼后头长。尾鳍后缘圆形。头、体、背鳍、尾鳍和臀鳍具许多橙黄色斑，背鳍基底具一大黑斑。

6. 分布

我国舟山群岛以南的东海和南海有分布。多生活在岩礁底质海区，常栖息于沿海岛屿附近的岩礁间、珊瑚礁的岩穴或缝隙中，对盐度的适应范围很广，可生活在 11～41 的盐度范围内，最适水温为 22～28 ℃。

7. 渔业

该种主要捕捞方式为钓，拖网也时有兼捕。

8. 养殖与野生鉴别

赤点石斑鱼主要养殖区域为南部沿海地区。

野生赤点石斑鱼，颜色花纹清晰自然，表皮上有时会有一些寄生的海草和藤壶；养殖的花纹不清晰，颜色暗。

9. 可捕标准

（1）行业标准：暂无。

（2）海区标准：暂无。

（3）地方标准：浙江省可捕标准为体重≥250 g，或体长≥245 mm。

10. 幼鱼比例检查建议

幼鱼比例执法检查时，建议暂先参照浙江省地方标准在当地执行。即幼鱼比例不得超过同种类渔获量的 20%，航次幼鱼合计比例不得超过航次总渔获量的 25%。

（三）石斑鱼渔业产量

石斑鱼我国现记录有 36 种，其中有 12 种已开展人工繁殖和养殖。2014—2016 年海洋捕捞统计年产量为 11.3 万～12.9 万 t，养殖年产量为 8.8 万～10.8 万 t，见表 1 - 10。

表 1 - 10　2014—2016 年各地区石斑鱼统计产量（t）

地区	2014 年		2015 年		2016 年	
	捕捞	养殖	捕捞	养殖	捕捞	养殖
辽宁	2 565		2 952		3 085	
河北	28		28		10	
天津		247		620		755
山东	20	24		400		
江苏	8	3	15	20	17	20
上海						
浙江	1 443	497	1 471	793	1 451	502
福建	19 414	24 676	18 434	26 905	19 278	28 830
广东	37 497	36 138	38 407	42 601	45 846	45 203
广西	6 009	1 762	6 031	1 882	6 025	2 163
海南	46 112	24 783	50 255	26 785	52 826	30 846
全国	113 096	88 130	117 593	100 006	128 538	108 319

十一、方头鱼

"方头鱼"是对具有渔业价值的方头鱼属鱼类的统称。我国近海能够构成渔业对象的"方头鱼"主要有银方头鱼和日本方头鱼 2 个种类。

（一）银方头鱼

1. 学名

银方头鱼 *Branchiostegus argentatus*（Cuvier，1830），见图 1 - 28。

2. 识别要点

银方头鱼的识别要点见图 1 - 29。

图 1-28 银方头鱼

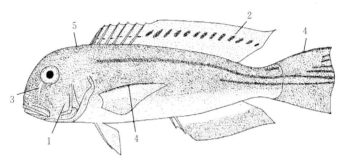

图 1-29 银方头鱼的识别要点

1. 成体前鳃盖骨鳞明显 2. 背鳍具有黑色斑点
3. 上颌到眼之间有两条明显的银白色条带 4. 胸鳍与尾鳍上缘呈黑色
5. 背鳍前部的躯干中线呈黑色

3. 同种异名

无。

4. 俗名

马头鱼、红马头。

5. 形态特征

体近长方形，侧扁。头部近方形。颊部鳞显著。背鳍前至后头部具一黑色线纹。胸鳍和尾鳍鳍条上缘具黑色边缘。眼眶下方具 2 条银白色细条纹。体赤色，背鳍和臀鳍膜黄色，背鳍条中部具 1 列黑色斑纹。尾鳍具棕色及蓝色条纹。

6. 分布

我国东海和南海均有分布。为暖水及暖温性中下层鱼类，通常栖息于水深 150 m 以内的沙泥底海区。

7. 渔业方式

该种是外海中下层鱼类，是底层流刺网、钓的主捕对象，同时也是底拖网的兼捕对象。

8. 养殖与野生鉴别

该鱼种暂无养殖。

9. 可捕标准

（1）行业标准：暂无。

（2）海区标准：暂无。

（3）地方标准：暂无。

10. 幼鱼比例检查建议

暂无建议。

（二）日本方头鱼

1. 学名

日本方头鱼 *Branchiostegus japonicus*（Houttuyn，1782），见图 1 - 30。

图 1 - 30　日本方头鱼

2. 识别要点

日本方头鱼的识别要点见图 1 - 31。

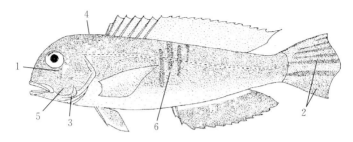

图 1-31　日本方头鱼的识别要点

1. 眼眶后缘有一个银白色三角形斑块
2. 尾鳍上半部分有六条纵向排列的条纹，尾鳍下半部没有黄色斑点
3. 前鳃盖下缘呈锯齿状　4. 背鳍前部的躯干中线呈深褐色
5. 成体前鳃盖骨鳞不明显　6. 躯干部有多条橘黄色横向条纹

3. 同种异名

无。

4. 俗名

马头（上海）、方头鱼、马头鱼（浙江、福建）。

5. 形态特征

体近长方形，侧扁。头部近方形。颊部鳞埋入皮下不显著。背鳍前至头后部具一黑色线纹。眼眶后缘下方具一银白色三角形斑块。背鳍鳍条中部具一黄色带，臀鳍微蓝色，胸鳍浅红色，腹鳍浅蓝、边缘黄色，尾鳍上部红色、下部浅蓝，杂有黄色带。

6. 分布

该种为暖水及暖温性中下层鱼类，我国黄海、东海和南海均有分布。

7. 渔业方式

该种是外海底层流刺网、钓的主捕对象，同时也是底拖网的兼捕对象。

8. 养殖与野生鉴别

该鱼种暂无养殖。

9. 可捕标准

（1）行业标准：暂无。

（2）海区标准：暂无。

（3）地方标准：暂无。

10. 幼鱼比例检查建议

暂无建议。

（三）方头鱼渔业产量

2014—2016 年方头鱼的海洋捕捞产量较稳定，其中南方各沿海地区产量较高，见表 1-11。

表 1-11　2014—2016 年各地区方头鱼海洋捕捞统计产量（t）

地区	2014 年	2015 年	2016 年
辽宁	170	75	77
河北			
天津			
山东			
江苏	216	186	194
上海			
浙江	15 306	16 736	16 014
福建	4 693	4 910	4 818
广东	9 104	8 905	9 040
广西	42	44	45
海南	12 619	12 658	12 805
全国	42 150	43 514	42 993

十二、竹笑鱼

1. 学名

竹笑鱼 *Trachurus japonicus*（Temminck et Schlegel，1844），

见图1-32。

图1-32 竹筴鱼

2. 识别要点

竹筴鱼的识别要点见图1-33。

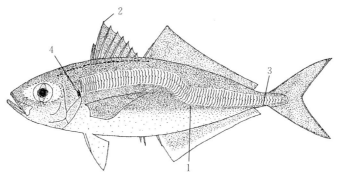

图1-33 竹筴鱼的识别要点

1. 侧线的全部被棱鳞　2. 第一背鳍高于第二背鳍
3. 第二背鳍和臀鳍后无分离小鳍　4. 鳃盖后上方具一黑斑

3. 同种异名

无。

4. 俗名

山台鱼、刺鲅、刺公（辽宁、山东），黄鲭（江苏、上海、浙江），大目鲲、大目鲭（福建），竹筴池、大目池、阔目池、马鳃滚、巴浪（广东）。

5. 形态特征

体纺锤形，侧扁。脂眼睑发达。下颌稍突出，上颌骨后端伸达眼前缘下方。上下颌各有1列细齿。侧线前部弧形，后部几平直。侧线全部被棱鳞，直线部明显隆起呈嵴状。体背青黄带浅绿色，腹部银白色。鳃盖后上方具一黑斑。各鳍草绿色。

6. 分布

竹筴鱼为暖水性中上层鱼类，我国近海均有分布。

7. 渔业

竹筴鱼是我国主要经济鱼类之一，为灯光围网和大围罾的主要捕捞对象、拖网和定置网等渔具的兼捕对象之一。2014—2016年海洋捕捞统计年产量为3.8万～4.0万t，见表1-12。

表1-12 2014—2016年各地区竹筴鱼捕捞统计产量（t）

地区	2014年	2015年	2016年
辽宁	50	48	52
河北			
天津			
山东	10	10	9
江苏	33		
上海	20	14	67
浙江	798	1 250	2 166
福建	10 960	10 914	12 072
广东	4 610	5 787	5 098
广西	415	418	420
海南	21 357	19 741	19 828
全国	38 253	38 182	39 712

8. 养殖与野生鉴别

竹筴鱼暂无人工养殖。

9. 可捕标准

（1）行业标准：水产行业可捕标准为叉长≥150 mm。

（2）海区标准：暂无。

（3）地方标准：浙江省可捕标准为体重≥50 g，或叉长≥155 mm。

10. 幼鱼比例检查建议

幼鱼比例执法检查时，建议参照水产行业可捕标准执行。即幼鱼比例不得超过同种类渔获量的 20%，航次幼鱼合计比例不得超过航次总渔获量的 25%。

十三、蓝圆鲹

1. 学名

蓝圆鲹 *Decapterus maruadsi*（Temminck et Schlegel，1943），见图 1-34。

图 1-34　蓝圆鲹

2. 识别要点

蓝圆鲹的识别要点见图 1-35。

3. 同种异名

无。

4. 俗名

黄占（辽宁、山东、江苏、上海、浙江），三楞（浙江），巴

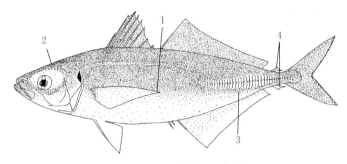

图 1-35 蓝圆鲹的识别要点

1. 胸鳍末端可达第二背鳍起点　2. 背鳍前鳞可伸达瞳孔前缘
3. 棱鳞存在于侧线直线部的全部　4. 第二背鳍和臀鳍后各有一小鳍

浪鳀、鳀鲐（福建），巴浪、池鱼、棍子鱼、马鳃棍（广东），竹景（海南）。

5. 形态特征

体纺锤形，稍侧扁。头侧扁，吻锥形，幼鱼吻长与眼径略相等，成鱼吻长稍长于眼径。脂眼睑发达。上下颌具1列细齿。背鳍前鳞伸达瞳孔前缘。侧线前部稍弯曲，后部平直，棱鳞存在于侧线直线部的全部，最高棱鳞大于眼径的1/2。第二背鳍与臀鳍后各有一小鳍。臀鳍前方具2枚短棘，鳍条25~30枚。体背部青蓝带绿色，腹部银白色。鳃盖后上角有一黑色小圆点。第二背鳍前部上端有一白斑。

6. 分布

蓝圆鲹为暖水性中上层鱼类，我国近海均有分布。东海主要分布于福建近海，南海主要分布在台湾浅滩南部、粤东碣石湾外近海、珠江口、海陵岛及海南省东北部近海。

7. 渔业

蓝圆鲹是我国近海主要的经济鱼类之一。东海和南海为重要产区，尤以台湾海峡和南海北部较多，是灯光围网最重要的捕捞对象之一，敷网、拖网、流刺网等也有少量捕捞。该种全年可以捕捞，其中春汛捕捞生殖群体，夏汛捕捞幼鱼索饵群体，秋冬汛捕捞索饵和越冬群体。2014—2016 年渔业统计年产量为 59 万～60 万 t，见表 1 - 13。

表 1 - 13　2014—2016 年各地区蓝圆鲹海洋捕捞统计产量（t）

地区	2014 年	2015 年	2016 年
辽宁			
河北			
天津			
山东			
江苏	51	23	18
上海			
浙江	93 013	77 552	85 768
福建	264 322	268 480	276 671
广东	106 781	104 544	102 431
广西	72 948	72 712	73 730
海南	65 144	63 869	62 295
全国	602 259	587 180	600 913

8. 养殖与野生鉴别

暂无养殖。

9. 可捕标准

（1）行业标准：水产行业可捕标准为叉长≥150 mm。

（2）海区标准：暂无。

（3）地方标准：浙江省可捕标准为体重≥50 g，或叉长≥150 mm。

10. 幼鱼比例检查建议

幼鱼比例执法检查时，建议采用水产行业可捕标准执行。即幼鱼比例不得超过同种类渔获量的 20%，航次幼鱼合计比例不得超过航次总渔获量的 25%。

十四、鲷类

渔业统计中的"鲷鱼"是对鲷科的真鲷、黄鲷、黑鲷、黄鳍鲷、二长棘犁齿鲷等，笛鲷科的红鳍笛鲷、勒氏笛鲷、紫红笛鲷等，石鲈科的花尾胡椒鲷、斜带髭鲷等，以及大眼鲷科等鱼类的统称，主要特点是这些鱼的学名中均含有"鲷"。

（一）真鲷

1. 学名

真鲷 *Pagrus major* （Temminck et Schlegel，1843），见图 1-36。

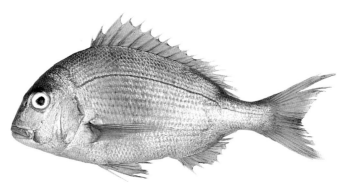

图 1-36 真 鲷

2. 识别要点

真鲷的识别要点见图 1-37。

3. 同种异名

无。

4. 俗名

加吉鱼、红加吉（辽宁、河北、山东），铜盆鱼（上海、浙江），过腊、加腊、赤板、王山鱼（福建），红立、立鱼、赤鲫（广东），大头鱼、小红鳞、红鲷、红带鲷、红鳍。

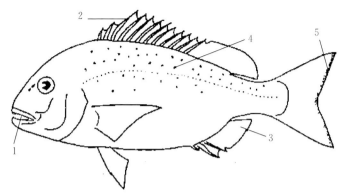

图 1 - 37　真鲷的识别要点

1. 上颌侧面具臼齿 2 列　2. 背鳍鳍棘不延长成细丝　3. 臀鳍鳍条通常为 8 枚
4. 体色淡红，腹部银白色，背侧散布许多蓝色小点　5. 尾鳍边缘黑色
(引自海外渔业协力财团，1995)

5. 形态特征

体呈长椭圆形，侧扁。上颌前端具犬齿 4 枚，两侧具臼齿 2 列；下颌前端具犬齿 6 枚，两侧具臼齿 2 列。背鳍Ⅻ - 10，臀鳍Ⅲ - 8，侧线鳞 53～59。体呈淡红色，背侧散布许多蓝色小点，尾鳍边缘黑色。

6. 分布

真鲷为近海暖水性底层鱼类，我国近海均有分布。主要栖息于水质清澈、藻类丛生的岩礁海区，结群性强，游泳迅速。具季节性生殖洄游习性。

7. 渔业

真鲷是我国名贵经济鱼类之一。捕捞渔具主要有大拉网、风网和延绳钓等，底拖网时有兼捕。但近年产量不多。黄渤海渔期为 5—8 月和 10—12 月；东海闽南近海和闽中南部沿海渔期为 10—12 月，11 月是盛产期。但由于资源衰减、产量下降，市场上少见。

8. 养殖与野生鉴别

在中国沿海地区及日本等地，尤其酒楼食肆，都把真鲷视为上等海鲜佳肴，也因它有加吉鱼之名，人们每逢节日或喜事，酒宴上都会加一道菜——加吉鱼，这是吉利的象征。目前市场上销售的真鲷主要来源于养殖，养殖区域主要分布于黄海、渤海和南海沿岸，但产量不高，且没有单鱼种养殖产量统计。

养殖与野生真鲷之间难见明显区别特征。

9. 可捕标准

（1）行业标准：暂无。

（2）海区标准：渤海区可捕标准为体长≥190 mm。

（3）地方标准：暂无。

10. 幼鱼比例检查建议

幼鱼比例执法检查时，建议暂先参照渤海区的可捕标准在当地执行。即幼鱼比例不得超过同种类渔获量的20%，航次幼鱼合计比例不得超过航次总渔获量的25%。

（二）黄鲷

1. 学名

黄鲷 *Dentex tumifrons*（Temminck et Schlegel，1843），见图1-38。

图1-38　黄　鲷

2. 识别要点

黄鲷的识别要点见图 1 - 39。

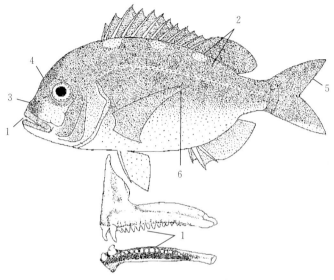

图 1 - 39　黄鲷的识别要点

1. 上颌前部有 2 对强壮的犬齿，下颌两侧具圆锥齿，下颌无臼齿
2. 体黄红色，3 个金黄色大斑沿着背鳍基部排列　3. 吻部亮黄色　4. 眶前骨明显凸出
5. 尾鳍后缘无黑色　6. 胸鳍后缘伸达臀鳍第一或第二鳍棘

3. 同种异名

无。

4. 俗名

齿鲷、黄加立、赤宗、波立。

5. 形态特征

体呈椭圆形，侧扁，一般体长 14～25 cm，体重 200～500 g，背部狭窄，腹部钝圆。头大，吻钝，眼间隔狭，稍小于眼径。上下颌前端各有犬齿 4～6 枚。体被较大弱栉鳞，前鳃盖骨边缘具锯齿，背鳍与臀鳍基底有鳞鞘。尾鳍叉形。体呈黄赤

色，腹部较浅，体侧上部有 3 个金黄色圆斑，并有 6 条纵行黄色带，臀鳍及尾鳍下叶呈黄色。

6. 分布

黄鲷为暖水性底层鱼类，主要分布于我国南海和东海南部海域。

7. 渔业

黄鲷是底拖网、钓、流刺网捕捞对象之一。

8. 养殖与野生鉴别

目前黄鲷尚未有规模化的人工养殖，但人工繁殖已由中国水产科学研究院东海水产研究所取得突破性成果。

9. 可捕标准

（1）行业标准：国家可捕标准为体长≥130 mm。

（2）海区标准：暂无。

（3）地方标准：暂无。

10. 幼鱼比例检查建议

幼鱼比例执法检查时，建议采用水产行业可捕标准执行。即幼鱼比例不得超过同种类渔获量的 20%，航次幼鱼合计比例不得超过航次总渔获量的 25%。

（三）黑鲷

1. 学名

黑鲷 *Acanthopagrus schlegelii*（Franz，1910），见图 1 - 40。

图 1 - 40　黑　鲷

2. 识别要点

黑鲷的识别要点见图 1-41。

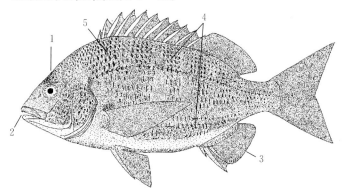

图 1-41　黑鲷的识别要点

1. 眶前骨区域具鳞片

2. 上颌 3～4 行臼齿（大部分 3 行），下颌 2～4 行臼齿（大部分为 2 行）

3. 臀鳍软条通常为 8 枚　4. 躯干上部青灰色，下部灰白色，体侧具若干褐色横纹

3. 同种异名

无。

4. 俗名

黑加吉（辽宁、河北、山东），青郎（浙江），乌格、乌割、乌颊、黑结、乌翅（福建），黑立、黑格仔（广东）。

5. 形态特征

体呈长椭圆形，侧扁。吻钝尖。眼侧位而高。上下颌前端各具犬齿 6 枚，上颌两侧具臼齿 3～4 行，下颌两侧臼齿 2～4 行。体青灰色，腹部较浅，侧线起始处有一不规则黑斑，体侧具若干条褐色横纹。

6. 分布

我国沿海均有分布。

7. 渔业

黑鲷是暖温性浅海底层鱼类，是底拖网、手钓、流刺网捕捞对象之一。

8. 养殖与野生鉴别

养殖与野生难见明显区别特征。

9. 可捕标准

（1）行业标准：暂无。

（2）海区标准：暂无。

（3）地方标准：暂无。

10. 幼鱼比例检查建议

暂无建议。

（四）二长棘犁齿鲷

1. 学名

二长棘犁齿鲷 *Evynnis cardinalis*（Lacepède，1802），见图 1-42。

图 1-42　二长棘犁齿鲷

2. 识别要点

二长棘犁齿鲷的识别要点见图 1-43。

3. 同种异名

二长棘鲷 *Parargyrops edita*。

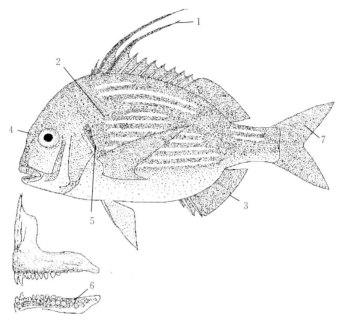

图 1-43 二长棘犁齿鲷的识别要点

1. 背鳍第三、第四鳍棘呈丝状延长，其长度一般长于头长
2. 体淡红色，有许多小的蓝色斑点或窄色条纹 3. 臀鳍软条 9 枚
4. 眼间隔凸起 5. 鳃瓣淡红色 6. 上下颌两侧各具白齿 2 行 7. 尾鳍无黑色斑

4. 俗名

棘鲷（浙江），板鱼、盘鱼、赤鬃、盘仔鱼（福建），红立鱼（广东）。

5. 形态特征

体呈椭圆形，侧扁。头高大，吻短钝。上颌前端具犬齿 4 枚，下颌前端具犬齿 6 枚，上下颌两侧各具白齿 2 行。颊部具鳞 6 行，前鳃盖骨无鳞。背鳍第三、第四鳍棘（有时含第五鳍棘）呈丝状延长。体呈红色，腹部色浅，体侧具若干蓝色纵带。

6. 分布

该种为暖水性中小型鱼类，主要栖息于沙泥底质大陆架水域。广泛分布于我国东海、台湾海峡、南海北部近海。

7. 渔业

该种是台湾海峡和南海常见经济鱼类，捕捞利用方式主要包括底拖网、流刺网和手钓捕捞等。

8. 养殖与野生鉴别

该种暂无养殖。

9. 可捕标准

（1）行业标准：国家可捕标准为体长≥100 mm。

（2）海区标准：暂无。

（3）地方标准：暂无。

10. 幼鱼比例检查建议

幼鱼比例执法检查时，建议采用水产行业可捕标准执行。即幼鱼比例不得超过同种类渔获量的 20%，航次幼鱼合计比例不得超过航次总渔获量的 25%。

（五）红鳍笛鲷

1. 学名

红鳍笛鲷 *Lutjanus erythropterus*（Bloch，1790），见图 1 - 44。

图 1 - 44　红鳍笛鲷

2. 识别要点

红鳍笛鲷的识别要点见图 1 - 45。

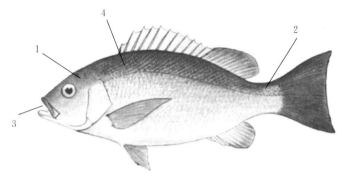

图 1 - 45　红鳍笛鲷的识别要点

1. 体鲜红色　2. 尾柄上部具一鞍形黑斑

3. 上颌前端有 4 枚较大圆锥齿　4. 体被大栉鳞，侧线上方鳞斜行

（引自 Allen，1985）

3. 同种异名

无。

4. 俗名

红曹（福建），红鱼、红鸡（广东）。

5. 形态特征

体长椭圆形，侧扁。眼间隔宽而凸起。两颌外侧具 1 行圆锥齿，内侧齿绒毛状，上颌前端有 4 枚较大圆锥齿。体被大栉鳞，侧线上方鳞斜行。体鲜红色，幼鱼自吻经眼至背鳍前具斜黑带，尾柄上部具一鞍形黑斑，高龄鱼黑斑不明显。

6. 分布

我国东海南部和南海有分布。

7. 渔业

红鳍笛鲷是福建省南部沿海和南海的重要底层经济鱼类，是拖网类和延绳钓作业捕捞对象之一，但目前资源已严重衰竭。

8. 养殖与野生鉴别

暂无养殖。

9. 可捕标准

（1）行业标准：暂无。

（2）海区标准：暂无。

（3）地方标准：暂无。

10. 幼鱼比例检查建议

暂无相关建议。

（六）花尾胡椒鲷

1. 学名

花尾胡椒鲷 *Plectorhinchus cinctus*（Temminck et Schlegel，1843），见图 1 - 46。

图 1 - 46　花尾胡椒鲷

2. 识别要点

花尾胡椒鲷的识别要点见图 1 - 47。

3. 同种异名

无。

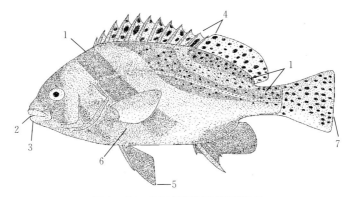

图 1-47 花尾胡椒鲷的识别要点

1. 躯干部具 3 条斜向后方的宽带，躯干背侧、背鳍和尾鳍具很多黑色斑点
2. 唇厚，口裂小，头长为上颌长的 2.9～3.0 倍，颌骨具圆锥形齿，犁骨和腭骨无齿
3. 下巴具 3 对小肉突 4. 背鳍棘数≥11 枚，鳍条数≤17 枚 5. 腹鳍未延伸至泄殖腔
6. 体侧扁而高，体长为体高的 2.5～2.6 倍 7. 尾鳍后缘近似截形

4. 俗名

斑加吉（山东），青鲷、青郎（上海、浙江），包公鱼、虎斑鱼（浙江），加吉（福建），胶钱、拍铁（广东）。

5. 形态特征

体长椭圆形，侧扁而高。两颌等长。齿细小，绒毛状。颏部无髭。体被小栉鳞。背鳍Ⅻ-15，前方无向前倒棘。体灰褐色，体侧具 3 条斜向后方的宽带。背鳍鳍条部和尾鳍上散有黑色小斑点。

6. 分布

我国东海和南海有分布。

7. 渔业

花尾胡椒鲷是我国海产经济鱼类，近岸常年可捕，是手钓和延绳钓作业对象以及底拖网兼捕对象之一，但产量很少。

8. 养殖与野生鉴别

花尾胡椒鲷是我国东海南部和南海沿岸鱼类网箱养殖的兼养

品种之一，但养殖规模不大，产量不高，产品多数直接销往饭店。其养殖与野生个体难见明显区别特征。

9. 可捕标准

（1）行业标准：暂无。

（2）海区标准：暂无。

（3）地方标准：暂无。

10. 幼鱼比例检查建议

暂无建议。

（七）斜带髭鲷

1. 学名

斜带髭鲷 *Hapalogenys nitens*（Richardson，1844），见图 1 - 48。

图 1 - 48　斜带髭鲷

2. 识别要点

斜带髭鲷的识别要点见图 1 - 49。

3. 同种异名

无。

4. 俗名

唇唇（山东），十八枚、十八梅（浙江）。

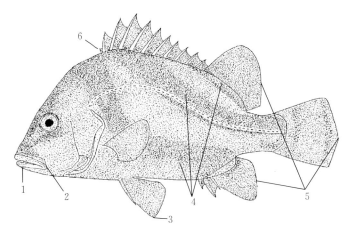

图 1 - 49　斜带髭鲷的识别要点

1. 下颌骨区域具微小乳突，颏有 4 对细小的感觉孔　2. 上颌骨区域具鳞片
3. 腹鳍未到达肛门　4. 躯干两侧具 3 条深色斜带（这一特征在年老个体中逐渐消退）
5. 背鳍、臀鳍和尾鳍软条边缘无黑色　6. 背鳍鳍棘起点前部具一向前棘刺

5. 形态特征

体呈椭圆形，高而侧扁。吻背至第一背鳍起点陡斜。上下颌约等长。两颌齿细小呈带状，外行齿较大，圆锥形。颏部密生小髭。前鳃盖骨后缘具细锯齿。体被细小栉鳞。背鳍 1 个，鳍棘部与鳍条部仅在基部相连，中间深凹，背鳍鳍棘前方具一向前倒棘。体黑褐色，腹部色较淡。体侧具 3 条斜宽带。

6. 分布

我国东海、南海近海均有分布。

7. 渔业

斜带髭鲷在我国沿海常年可捕获，但产量很少。主要捕捞渔具有手钓、延绳钓及定置张网等，拖网作业时有兼捕。

8. 养殖与野生鉴别

斜带髭鲷是我国东海区沿岸鱼类网箱养殖的兼养品种之一，

但养殖规模不大，产量不高，产品多数直接销往饭店。其养殖与野生个体难见明显区别特征。

9. 可捕标准

（1）行业标准：暂无。

（2）海区标准：暂无。

（3）地方标准：暂无。

10. 幼鱼比例检查建议

暂无建议。

（八）鲷类渔业产量

鲷鱼中，除大眼鲷、二长棘犁齿鲷种群数量较大外，其余"鲷"单一种群数量不大，为便于统计，相关部门以"鲷鱼"为单元进行归类。本部分介绍的鲷类渔业产量约为"鲷鱼"统计产量的50%以下。2014—2016年我国鲷鱼的捕捞和养殖产量较为稳定，其中福建的产量最大，见表1-14。

表 1-14　2014—2016 年各地区鲷鱼海洋捕捞与
海水养殖统计产量（t）

地区	2014 年		2015 年		2016 年	
	捕捞	养殖	捕捞	养殖	捕捞	养殖
辽宁	75		12	5	21	5
河北						
天津		67		55		
山东	80		55		50	1 258
江苏	122	166	121	176	103	135
上海						
浙江	5 135	3 022	5 726	3 513	5 026	3 073
福建	63 313	23 779	60 424	31 843	61 171	33 823
广东	45 377	24 596	45 056	26 383	48 913	28 482

（续）

地区	2014 年		2015 年		2016 年	
	捕捞	养殖	捕捞	养殖	捕捞	养殖
广西	26 850	5 188	26 878	5 373	27 114	4 052
海南	31 995	2 463	32 552	2 447	27 511	2 773
全国	172 947	59 281	170 824	69 795	169 909	73 601

十五、金线鱼

渔业统计中的"金线鱼"主要是对金线鱼科的金线鱼、日本金线鱼、深水金线鱼等种类的统称。本部分简要介绍日本金线鱼和金线鱼 2 种。

（一）日本金线鱼

1. 学名

日本金线鱼 *Nemipterus japonicus*（Bloch，1791），见图 1 - 50。

图 1 - 50　日本金线鱼

2. 识别要点

日本金线鱼的识别要点见图 1 - 51。

3. 同种异名

无。

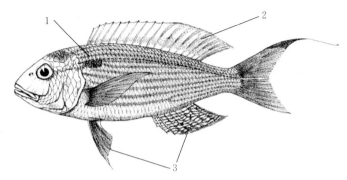

图 1 - 51　日本金线鱼的识别要点

1. 体侧具 8 条黄色纵带　2. 背鳍具 2 条黄色纵带　3. 腹鳍和臀鳍无黄色纵带

（引自 Russell，1990）

4. 俗名

金线鱼（浙江），红三、吊三、拖三、红哥鲤（广东）。

5. 形态特征

体延长，侧扁，背腹面皆钝圆。上颌前端有 8 枚稍大圆锥齿，上下颌两侧齿细小、呈绒毛状。背鳍鳍棘部的鳍膜边缘完整。眼径大于或等于眶前骨。尾鳍末端呈丝状延长。体浅红色，体侧具 8 条黄色纵带。

6. 分布

我国东海南部和南海有分布。

7. 渔业

该种是热带和亚热带近海中下层鱼类，主要捕捞渔具为深水流刺网和钓，同时也是南海底拖网的兼捕对象之一。

8. 养殖与野生鉴别

该鱼种暂无养殖。

9. 可捕标准

（1）行业标准：暂无。

（2）海区标准：暂无。

（3）地方标准：暂无。

10. 幼鱼比例检查建议

暂无建议。

（二）金线鱼

1. 学名

金线鱼 *Nemipterus virgatus*（Houttuyn，1782），见图 1 - 52。

图 1 - 52　金线鱼

2. 识别要点

金线鱼的识别要点见图 1 - 53。

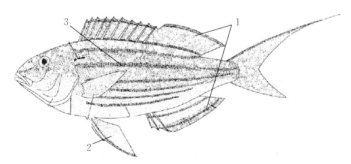

图 1 - 53　金线鱼的识别要点

1. 背鳍与臀鳍鳍条部均有 2 条黄色条纹　2. 腹鳍具黄色斑纹
3. 躯干部有 6 条亮黄色纵向条纹

3. 同种异名

无。

4. 俗名

红三、吊三、拖三、红哥鲤（广东）。

5. 形态特征

体延长，侧扁。背腹缘皆钝圆。两颌齿细尖、圆锥形。背鳍鳍棘部的鳍膜边缘完整。眼径小于眶前骨。体侧具 6 条黄带。臀鳍中部有 2 条黄色条纹。尾鳍上叶丝状延长。

6. 分布

该种是热带和亚热带近海中下层鱼类，我国黄海南部、东海和南海均有分布。

7. 渔业

该种的主要捕捞渔具为深水流刺网和钓，同时也是南海底拖网的兼捕对象之一。

8. 养殖与野生鉴别

该鱼种暂无养殖。

9. 可捕标准

（1）行业标准：暂无。

（2）海区标准：暂无。

（3）地方标准：暂无。

10. 幼鱼比例检查建议

暂无建议。

（三）金线鱼渔业产量

渔业统计金线鱼的捕捞产量主要来自东海区福建与浙江两省份以及南海区广东、广西、海南三省份，见表 1-15。

表 1-15　2014—2016 年各地区金线鱼海洋捕捞统计产量（t）

地区	2014 年	2015 年	2016 年
辽宁	115	52	54
河北			

（续）

地区	2014 年	2015 年	2016 年
天津			
山东			
江苏			
上海			
浙江	5 241	3 512	3 742
福建	10 076	10 163	10 585
广东	87 532	89 725	89 260
广西	35 474	35 214	35 485
海南	272 825	261 938	301 597
全国	411 263	400 604	440 723

十六、黄姑鱼

1. 学名

黄姑鱼 *Nebea albiflora* （Richrdson，1846），见图 1-54。

图 1-54 黄姑鱼

2. 识别要点

黄姑鱼的识别要点见图 1-55。

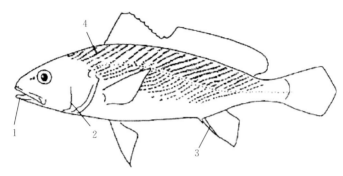

图 1 - 55　黄姑鱼的识别要点

1. 颏部有 5 个颏孔　2. 鳃盖骨后缘呈锯齿状　3. 臀鳍第二鳍棘约为头长的 1/2
4. 体侧具许多黑褐色波状细纹斜向前方
（引自海外渔业协力财团，1995）

3. 同种异名

无。

4. 俗名

铜鱼、铜罗鱼、黄姑子（辽宁、河北、山东），黄姑、黄婆鸡（江苏、上海、浙江），铜罗鱼、黄姑子、黄鲞（浙江），春水鱼（福建），花鲚、鲚、皮鲚（广东）。

5. 形态特征

体延长，侧扁，头钝尖，吻短钝、微突出，无颏须也无犬齿，上颌齿细小，下颌内行齿较大，颏部有 5 个小孔。体背部浅灰色，体侧浅黄色，有多条黑褐色波状细纹斜向前方。胸鳍、腹鳍及臀鳍基部带红色，尾鳍呈楔形。

6. 分布

我国沿海均有分布。

7. 渔业

该种是我国重要海产经济鱼类之一，是黄海、渤海和东海底拖网、流刺网和延绳钓作业的兼捕对象。2014—2016 年其海洋捕捞年平均产量为 75 365 t，见表 1 - 16。

表 1 - 16 2014—2016 年各地区黄姑鱼海洋捕捞统计产量（t）

地区	2014 年	2015 年	2016 年
3 172	辽宁	3 346	3 090
河北	290	293	298
天津			
山东	8 563	7 153	7 047
江苏	7 176	7 776	8 075
上海	38	39	36
浙江	32 777	35 460	37 638
福建	8 792	8 966	9 106
广东	6 176	5 417	5 785
广西	80	76	74
海南	6 226	6 357	6 772
全国	73 464	74 627	78 003

8. 养殖与野生鉴别

该品种近年在浙江沿海有少量养殖，并同时进行增殖放流。养殖与野生之间难见明显区别特征。

9. 可捕标准

（1）行业标准：暂无。

（2）海区标准：渤海区可捕标准为体长≥170 mm。

（3）地方标准：暂无。

10. 幼鱼比例检查建议

幼鱼比例执法检查时，建议参照渤海区标准在当地执行。即幼鱼比例不得超过同种类渔获量的 20%，航次幼鱼合计比例不得超过航次总渔获量的 25%。

十七、白姑鱼

1. 学名

白姑鱼 *Pennahia argentata*（Houttuyn，1782），见图 1 - 56。

图 1 - 56　白姑鱼

2. 识别要点

白姑鱼的识别要点见图 1 - 57。

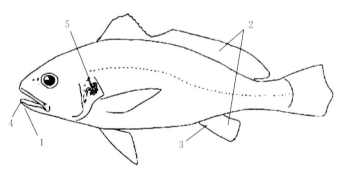

图 1 - 57　白姑鱼的识别要点

1. 下颌有 3 对颏孔　2. 背鳍和臀鳍鳍条裸露　3. 臀鳍第二鳍棘长，约与眼径等长
4. 口腔及咽腔灰白色　5. 体灰褐色，鳃盖上有一大黑斑
（引自海外渔业协力财团，1995）

3. 同种异名

无。

4. 俗名

白米鱼、白籽（山东），白姑子（上海），白米子、白口、白江、白鲩（浙江），白梅、沙口卫、鲵〔wēi〕仔鱼（福建），白鲑（广东）。

5. 形态特征

口前位，斜裂。上颌外行齿与下颌内行齿较大。无须。颏部有 3 对小孔。鳃孔大。头体被栉鳞，背鳍、臀鳍有 1 行鳞鞘。两背鳍间有一深凹。臀鳍第二鳍棘约等于眼径。胸鳍侧位，腹鳍胸位，尾鳍短楔状。背侧淡灰，腹侧银白。第一背鳍黄灰，第二背鳍有一白纵纹，偶鳍淡黄，尾鳍灰黄。

6. 分布

该种类为暖温性近底层鱼类，有明显季节洄游习性。我国南海、东海及黄海南部均有分布。

7. 渔业

白姑鱼是我国重要的底层经济鱼类之一。使用底拖网、定置网、刺网和手钓在沿海常年均可捕获，2014—2016 年海洋捕捞年平均产量为 10.9 万 t，见表 1-17。

表 1-17　2014—2016 年各地区白姑鱼海洋捕捞统计产量（t）

地区	2014 年	2015 年	2016 年
辽宁	1 255	1 238	1 124
河北	453	130	
天津			
山东	16 567	14 029	13 064
江苏	4 157	4 064	4 048
上海			
浙江	47 660	49 388	49 581
福建	9 714	10 009	10 905
广东	23 515	23 363	22 996

地区	2014 年	2015 年	2016 年
广西	1 481	1 463	1 452
海南	4 669	4 777	5 147
全国	109 471	108 461	108 317

8. 养殖与野生鉴别

该种类目前暂无养殖。

9. 可捕标准

（1）行业标准：国家可捕标准为体长≥150 mm。

（2）海区标准：渤海区可捕标准为体长≥170 mm。

（3）地方标准：浙江省可捕标准为体重≥60 g，或体长≥135 mm。

10. 幼鱼比例检查建议

幼鱼比例执法检查时，建议采用水产行业标准执行。即幼鱼比例不得超过同种类渔获量的 20%，航次幼鱼合计比例不得超过航次总渔获量的 25%。

十八、小黄鱼

1. 学名

小黄鱼 *Larimichthys polyactis*（Bleeker，1877），见图 1 - 58。

图 1 - 58　小黄鱼

2. 识别要点

小黄鱼的识别要点见图1-59。

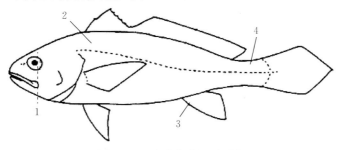

图1-59 小黄鱼的识别要点

1. 口裂大，上颌延伸至眼的后部边缘 2. 侧线上部鳞片5～6行
3. 臀鳍第二鳍棘短，小于眼径 4. 尾柄稍宽，尾柄长为尾柄高2倍余
（引自海外渔业协力财团，1995）

3. 同种异名

无。

4. 俗名

花眼、黄花鱼（辽宁、河北），小黄花鱼、大眼（山东），黄花鱼、小鲜（江苏、上海、浙江），小黄花（江苏、浙江），厚鳞仔、小黄瓜（福建）。

5. 形态特征

体延长而侧扁。口前位，斜裂。尾柄较短，尾柄长为尾柄高2倍余。臀鳍Ⅱ-9～10，第二鳍棘长小于眼径。背鳍与侧线间具鳞5～6行。体背和上侧黄褐色，下侧和腹面金黄色。唇橘红色。

6. 分布

我国渤海、黄海和东海均有分布。

7. 渔业

该种为我国重要海洋经济鱼类之一，是拖网、张网、流刺网的主要捕捞对象，全年可以捕捞。主要渔期为春、夏季捕捞产卵群体，秋末冬初捕捞越冬洄游群体。2014—2016 年我国小黄鱼海洋捕捞年平均产量为 363 568 t，见表 1 - 18。

表 1 - 18　2014—2016 年各地区小黄鱼海洋捕捞统计产量（t）

地区	2014 年	2015 年	2016 年
辽宁	97 835	123 101	118 151
河北	10 691	10 750	11 806
天津	3 460	4 433	3 184
山东	59 749	56 449	53 975
江苏	29 470	29 557	29 637
上海	235	259	173
浙江	94 718	104 013	102 864
福建	9 530	9 751	9 651
广东	23 423	25 662	26 008
广西			
海南	13 614	14 360	14 194
全国	342 725	378 335	369 643

8. 养殖与野生鉴别

该种类目前国内无养殖，全部为野生。

9. 可捕标准

（1）行业标准：国家可捕标准为体长≥150 mm。

（2）海区标准：渤海区可捕标准为体长≥150 mm。

（3）地方标准：浙江省可捕标准为体重≥50 g，或体长≥145 mm。

10. 幼鱼比例检查建议

幼鱼比例执法检查时，建议采用水产行业标准执行。即幼鱼比例不得超过同种类渔获量的 20%，航次幼鱼合计比例不得超过航次总渔获量的 25%。

十九、大黄鱼

1. 学名

大黄鱼 *Larimichthys croceus*（Richardson，1846），见图 1－60。

图 1－60　大黄鱼

2. 识别要点

大黄鱼的识别要点见图 1－61。

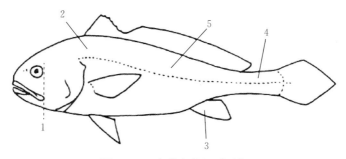

图 1－61　大黄鱼的识别要点

1. 口裂大，上颌超过眼后缘　2. 背鳍与侧线间有 8～9 行鳞片

3. 臀鳍第二鳍棘长，与眼径等长或者略长于眼径

4. 尾柄略窄，尾柄长为尾柄高的 3 倍以上　5. 体背侧黄褐色，腹侧金黄色

（引自海外渔业协力财团，1995）

3. 同种异名

无。

4. 俗名

大黄花（辽宁、山东），黄瓜鱼、黄花鱼、大鲜（上海），大黄花鱼（江苏、浙江），桂花黄鱼（秋汛大黄鱼）（浙江），黄瓜、黄花鱼（福建），大仲、二仲、花仲（广东）。

5. 形态特征

体延长而侧扁。口前位，斜裂。下颌每侧有2～3孔。尾柄长为尾柄高3倍余。臀鳍Ⅱ-7～8，第二鳍棘长等于或稍长于眼径。背鳍与侧线间具鳞8～9行。体背侧黄褐色，腹侧金黄色。唇橘红色。

6. 分布

该种类为暖温性底层鱼类，历史上种群规模较大，每年春夏季洄游至近岸水域产卵繁育，秋冬季洄游至深水区越冬。我国黄海南部、东海和南海均有分布。

7. 渔业

大黄鱼为我国重要底层经济鱼类之一，曾是东海和南海主要捕捞对象，主要捕捞渔具为底层拖网和刺网。历史上的主要渔场有吕泗渔场、舟山渔场、闽东渔场、粤西及海南岛东北部渔场。近30年来，由于资源衰竭，目前仅偶尔在沙外渔场近韩国侧水域有零星的大个体渔获。2014—2016年大黄鱼海洋捕捞统计产量为95 515～104 560 t，见表1-19，但统计对象实际上为大个体的小黄鱼。

同时，大黄鱼也是我国海水养殖的重要鱼类之一，主要养殖方式为网箱养殖和池塘养殖。2014—2016年海水养殖统计产量为127 917～165 496 t，见表1-19。

表1-19 2014—2016年各地区大黄鱼海洋捕捞与海水养殖统计产量（t）

地区	2014年		2015年		2016年	
	捕捞	养殖	捕捞	养殖	捕捞	养殖
辽宁	47 855		54 512		47 555	

（续）

地区	2014 年		2015 年		2016 年	
	捕捞	养殖	捕捞	养殖	捕捞	养殖
河北	1 067		1 613		1 071	
天津						
山东	1 891	80	1 995	280	2 255	
江苏	501		488		459	
上海	33		16		58	
浙江	405	3 745	446	6 512	530	9 173
福建	4 706	114 502	3 873	131 242	3 557	146 514
广东	23 746	9 590	25 576	10 582	32 912	9 809
广西						
海南	15 311		16 041		14 984	
全国	95 515	127 917	104 560	148 616	103 381	165 496

8. 养殖与野生鉴别

（1）**外观体形**：野生大黄鱼的鱼体修长苗条、肚小，鱼尾特别长，而鱼头比较小。

（2）**鱼体颜色**：野生大黄鱼全身金黄。

（3）**食用口感**：野生大黄鱼肉质细腻，极鲜嫩美味，煮熟鲜鱼的背部鱼肉经餐具分开后呈紧密的蒜瓣状，有入口即化的极致口感。

9. 可捕标准

（1）**行业标准**：暂无。

（2）**海区标准**：暂无。

（3）**地方标准**：浙江省可捕标准为体重≥250 g，或体长≥255 mm。

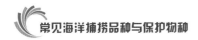

10. 幼鱼比例检查建议

幼鱼比例执法检查时，建议参照浙江省地方标准在当地执行。即幼鱼比例不得超过同种类渔获量的 20%，航次幼鱼合计比例不得超过航次总渔获量的 25%。

二十、梅童鱼

梅童鱼是对梅童鱼属中的棘头梅童鱼和黑鳃梅童鱼 2 个种的统称。本部分对能形成渔业规模的棘头梅童鱼进行简述。

1. 学名

棘头梅童鱼 *Collichthys lucidus*（Richardson，1844），见图 1 - 62。

图 1 - 62 棘头梅童鱼

2. 识别要点

棘头梅童鱼的识别要点见图 1 - 63。

3. 形态相似种类

黑鳃梅童鱼 *Colichthys niveatus*（Jordan et Starks，1906），识别要点见图 1 - 64。

4. 同种异名

无。

5. 俗名

大棘头（辽宁、山东），梅子、馒头鱼（上海），细眼、大头

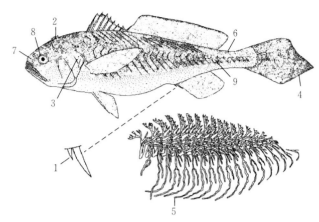

图 1-63　棘头梅童鱼的识别要点

1. 臀鳍第一鳍棘近似笔直

2. 头大而圆钝，额部隆起，棘棱显著；枕骨棘通常具 1～6 枚小棘刺

3. 鳃盖上无黑斑　4. 尾鳍颜色较深　5. 鳔具 19～24 对树枝状侧肢

6. 脊椎骨数 28～30 个，通常为 29 个　7. 头长为口鼻部长的 3.4～3.5 倍

8. 眼小，头长为眼径的 5.8～6.2 倍　9. 躯干部背侧浅灰色，腹侧金黄色

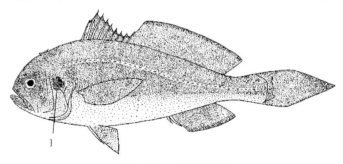

图 1-64　黑鳃梅童鱼

1. 黑鳃梅童鱼鳃腔上部深黑色，而棘头梅童鱼的鳃腔几全为白色或灰色

梅子、小眼睛、梅豆（浙江），朴梅、大头仔、丁珠、黄梅、黄
梅仔（福建），大头宝（广东）。

6. 形态特征

体延长而侧扁。头大而圆钝，额部隆起，棘棱显著。眼小。上下颌齿细小，呈绒毛状齿带。颏孔 2 个，无颏须。前鳃盖骨边缘有细锯齿。尾尖形。体背侧浅灰色，腹侧金黄色，鳃腔几为白色或灰白色。

7. 分布

该种在我国沿海均有分布，栖息于近海、河口和港湾的泥或沙泥底质水域，不做长距离洄游，为温水性鱼类。黄海、东海数量相对较多。

8. 渔业

该种是近海小型底层经济鱼类，我国沿海全年均可捕获，主要捕捞渔具为拖网、围罾网、刺网和定置网等。2014—2016 年海洋捕捞统计年产量近 30 万 t，但实际产量估计不超过 3 万 t，其他约 90% 为小黄鱼幼鱼，见表 1-20。

表 1-20　2014—2016 年各地区梅童鱼海洋捕捞统计产量（t）

地区	2014 年	2015 年	2016 年
辽宁	6 618	7 047	6 593
河北	309	306	301
天津			
山东	600	560	
江苏	73 486	76 771	75 840
上海	252	335	111
浙江	188 497	185 389	184 697
福建	22 344	21 365	21 732
广东	3 631	3 883	3 838
广西			
海南	3 279	3 292	2 783
全国	299 016	298 948	295 895

9. 养殖与野生鉴别

该鱼种虽然人工繁殖技术取得突破，但尚未形成商业养殖规模。

10. 可捕标准

（1）行业标准：暂无。

（2）海区标准：暂无。

（3）地方标准：暂无。

11. 幼鱼比例检查建议

暂无建议。

二十一、刺鲳

1. 学名

刺鲳 *Psenopsis anomala* （Temminck et Schlegel，1844），见图 1-65。

图 1-65　刺　鲳

2. 识别要点

刺鲳的识别要点见图 1-66。

3. 同种异名

无。

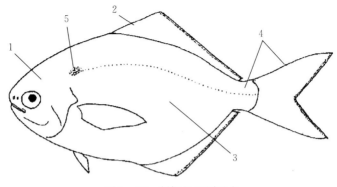

图 1－66　刺鲳的识别要点

1. 头部无鳞　2. 背鳍鳍棘短小，鳍棘部和鳍条部连续　3. 体被薄圆鳞，易脱落
4. 尾柄高，上尾叉长与头长几乎相等　5. 鳃盖后上角具一黑斑
（引自海外渔业协力财团，1995）

4. 俗名

冬鲳、鹅蛋鲳、肉鲳（上海、浙江）、海蜇眼睛、玉鲳（浙江）、肉鲫、肉鱼、蛇鲳（福建）、海鲫、瓜核、南鲳（广东）。

5. 形态特征

体长卵圆形，侧扁，背腹面皆圆钝，弧状弯曲度相同。头较小，侧扁而高，背面隆起，两侧平坦。吻短，圆钝，其长度等于或稍小于眼径。体被薄圆鳞，易脱落，头部裸露无鳞。背鳍、臀鳍及尾鳍基底被细鳞。背鳍连续，鳍棘部具独立短小棘6～9枚。臀鳍与背鳍鳍条部同形，始于背鳍鳍条部起点稍后。胸鳍中等大。腹鳍甚小，位于胸鳍基下方，可折叠于腹部凹陷内。尾鳍分叉。体背部青灰色，腹部色较浅。鳃盖后上角有一黑斑。

6. 分布

该种为暖温性中下层鱼类，产卵季节趋向近海，产卵后向北索饵洄游。分布于我国黄海南部、东海和南海海域。

7. 渔业

该种是东海和南海次要经济鱼种，多为拖网、流刺网和帆张网的兼捕对象。该种类没有专门的渔业统计产量。

8. 养殖与野生鉴别

该种类暂无养殖。

9. 可捕标准

（1）行业标准：国家可捕标准为叉长≥130 mm。

（2）海区标准：暂无。

（3）地方标准：浙江省可捕标准为体重≥55 g，或叉长≥130 mm。

10. 幼鱼比例检查建议

幼鱼比例执法检查时，建议采用水产行业标准执行。即幼鱼比例不得超过同种类渔获量的20%，航次幼鱼合计比例不得超过航次总渔获量的25%。

二十二、银鲳

1. 学名

银鲳 *Pampus echinogaster*（Basilewsky，1855），见图1-67。

图1-67　银　鲳

2. 识别要点

银鲳的识别要点见图 1－68。

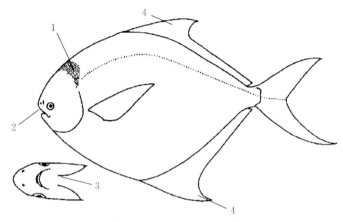

图 1－68　银鲳的识别要点

1. 侧线波浪脊不超过胸鳍基　2. 口鼻圆，下颌短于上颌　3. 鳃下部开裂较长
4. 背鳍和臀鳍前叶发达，长度相近
（引自海外渔业协力财团，1995）

3. 同种异名

镰鲳。

4. 俗名

平鱼、镜鱼（辽宁、河北、山东），长颈鱼、黑壳鲳片（江苏），车片鱼、鲳（上海、浙江），白鲳（福建、广东）。

5. 形态特征

体卵圆形，侧扁而高。吻圆钝，颇突出于口前。口亚前位，上颌长于下颌。两颌各具 3 峰细齿 1 行。鳃盖边缘游离，伸达口角下方。鳃耙细小，鳃耙数 16～21。侧线起点处感觉管丛短小，仅越过胸鳍基部上方少许距离，不延至胸鳍中部上方。脊椎骨 39～41。

6. 分布

该种在我国渤海、黄海、东海和南海均有分布。

7. 渔业

该种属暖水性中上层集群性经济鱼类，是流刺网专捕对象，也是定置网、底拖网、张网等渔具的兼捕对象。在渔业统计中，"鲳鱼"是对银鲳、灰鲳和其他鲳类的统称。2014—2016 年我国鲳鱼海洋捕捞年产量为 32.99 万～34.65 万 t，见表 1-21。

表 1-21 2014—2016 年各地区鲳鱼海洋捕捞产量（t）

地区	2014 年	2015 年	2016 年
辽宁	4 695	4 793	4 276
河北	2 482	3 134	3 432
天津			
山东	20 251	20 088	21 940
江苏	34 046	34 795	33 394
上海	186	114	170
浙江	80 705	92 639	94 504
福建	60 368	64 128	66 430
广东	67 273	66 921	68 022
广西	12 040	12 008	12 049
海南	47 890	47 877	41 511
全国	329 936	346 497	345 728

8. 养殖与野生鉴别

目前国内该种类人工繁殖技术已经突破，但养殖技术尚不成熟，现有的上岸渔获全部为野生。

9. 可捕标准

（1）行业标准：国家可捕标准为叉长≥150 mm。

（2）海区标准：渤海区可捕标准为叉长≥150 mm。

（3）地方标准：浙江省可捕标准为体重≥90 g，或叉长≥140 mm。

10. 幼鱼比例检查建议

幼鱼比例执法检查时，建议采用水产行业标准执行。即幼鱼比例不得超过同种类渔获量的 20％，航次幼鱼合计比例不得超过航次总渔获量的 25％。

二十三、灰鲳

1. 学名

灰鲳 *Pampus cinereus*（Bloch，1795），见图 1 - 69。

图 1 - 69　灰　鲳

2. 识别要点

灰鲳的识别要点见图 1 - 70。

3. 同种异名

燕尾鲳。

4. 俗名

长翅、婆子、黑壳鲳片、车鳊鱼、鲳鱼等。

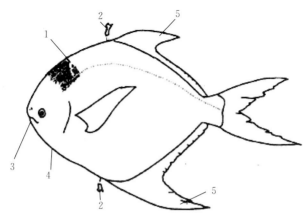

图 1 - 70 灰鲳的识别要点

1. 侧线管的背分支丛仅分布于胸鳍基部前缘
2. 背鳍和臀鳍鳍棘呈小戟状，幼鱼时明显，成鱼时退化，埋于皮下
3 下颌具 3 峰状细齿 4. 鳃盖条 6 5. 背鳍和臀鳍前叶镰刀状，向后伸越尾鳍基
（引自海外渔业协力财团，1995）

5. 形态特征

体卵圆形，极侧扁。吻短锐，大于眼径。口小，亚前位，稍倾斜，成鱼的口微近腹面，上下颌约等长，上颌骨后缘伸达后鼻孔的下方。前鳃盖骨边缘不游离。鳃耙退化，结节状。头部后上方侧线管的横枕管丛和背分支丛后缘楔形，腹分支丛较长，向后伸达胸鳍 2/3 处上方。无腹鳍。背鳍和臀鳍前叶镰刀状，向后伸越尾鳍基，两鳍基底等长。脊椎骨 32～34 枚。

6. 分布

该种为暖水性近海洄游性中大型鱼类。冬季在外海越冬，春季向近海作生殖洄游，鱼群较分散。我国南海、东海和黄海南部均有分布。

7. 渔业

该种是我国重要中上层经济鱼类之一，为流刺网专捕对象，又是底拖网、张网等网具的兼捕对象。渔业统计中，灰鲳渔获量未做专门统计，常与银鲳等渔获量合计在一起，统称为鲳鱼渔获量。据渔业资源监测结果，东海区鲳鱼渔获量中灰鲳约占10％～15％。

8. 养殖与野生鉴别

该种类尚无养殖。

9. 可捕标准

（1）行业标准：国家可捕标准为叉长≥180 mm。

（2）海区标准：暂无。

（3）地方标准：浙江省可捕标准为体重≥110 g，或叉长≥155 mm。

10. 幼鱼比例检查建议

幼鱼比例执法检查时，建议采用水产行业标准执行。即幼鱼比例不得超过同种类渔获量的20％，航次幼鱼合计比例不得超过航次总渔获量的25％。

二十四、玉筋鱼

1. 学名

玉筋鱼 *Ammodytes personatus*（Girard，1856），见图 1-71。

图 1-71　玉筋鱼

2. 识别要点

玉筋鱼的识别要点见图 1-72。

3. 同种异名

银针鱼。

4. 俗名

小面条、面条鱼（辽宁、山东）。

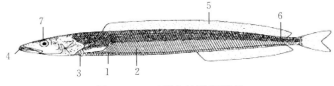

图 1-72　玉筋鱼的识别要点

1. 沿腹侧具纵向排列的皮肤褶皱　2. 躯干部细长，呈圆柱形，具皮肤褶皱
3. 无腹鳍　4. 下颌尖，并长于上颌，颌部无齿　5. 背鳍鳍条 54～58 枚
6. 脊椎骨 61～65 枚（多为 63～64 枚）　7. 头长为眼径的 6.1～7.0 倍

5. 形态特征

体长柱状，稍侧扁。两颌无齿。体被小圆鳞。体侧有很多斜向后下方的横皮褶。体腹侧自胸鳍基的前下方向后有 1 条纵皮褶。背鳍很长，无鳍棘。体侧淡绿色，背缘灰黑色，腹侧白色。背鳍鳍条基部各具一小黑点。

6. 分布

该种分布于北太平洋以及我国的渤海、黄海，为我国北方海洋渔业重要捕捞鱼类之一。生活在海水的中上层，有钻沙的习性，以浮游生物为食；表层水温升高后，潜入沙底，捕食停止。每年春天海水温度 5～9 ℃时，游向近海产卵，卵沉到水底发育。黄渤海渔汛期为 4 月初至 7 月下旬。当秋天水温降到 8 ℃以下时，游向深海越冬。

7. 渔业

该种是近海小型鱼类，一般以拖网捕捞，定置网亦可捕获。捕捞产量见表 1-22。

表 1-22　2014—2016 年各地区玉筋鱼海洋捕捞产量（t）

地区	2014 年	2015 年	2016 年
辽宁	6 837	5 076	6 724
河北	123	152	180

（续）

地区	2014 年	2015 年	2016 年
天津			
山东	39 948	43 762	45 609
江苏	1 120	1 041	337
上海			
浙江	31 344	29 219	32 105
福建	19 904	19 729	20 391
广东	1 560	2 754	2 629
广西			
海南	16 202	15 864	15 414
全国	117 038	117 597	123 389

8. 养殖与野生鉴别

该鱼种无养殖。

9. 可捕标准

（1）行业标准：暂无。

（2）海区标准：暂无。

（3）地方标准：暂无。

10. 幼鱼比例检查建议

暂无建议。

二十五、带鱼

1. 学名

带鱼 *Trichiurus japonicus*（Temminck et Schlegel，1844），见图 1 - 73。

2. 识别要点

带鱼的识别要点见图 1 - 74。

3. 同种异名

无。

图1-73 带 鱼

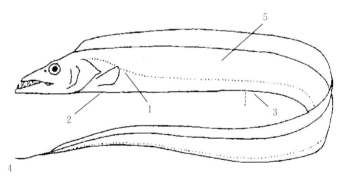

图1-74 带鱼的识别要点

1. 侧线在胸鳍上方显著下弯，然后沿腹缘伸达尾端 2. 没有腹鳍

3. 臀鳍第一鳍棘弱化，鳍条大多埋于皮肤下

4. 尾鳍缺失，尾后半部逐渐细化成一个点 5. 体银白色

（引自海外渔业协力财团，1995）

4. 俗名

白带鱼、刀鱼、海刀鱼、鳞刀鱼（辽宁、河北、山东），白

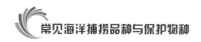

带鱼（浙江、福建），牙带、青宗带（广东）。

5. 形态特征

体甚延长，侧扁，呈带状，背缘和腹缘几平行，肛门部稍宽大，尾向后渐细，鞭状。头窄长，侧扁，前端尖突，侧视为三角形倾斜，背视宽平。吻尖长，约为眼径的 2.0～2.2 倍。齿强大：上颌前端具倒钩状大犬齿 2 对，口闭时嵌入下颌凹窝内；下颌前端有犬齿 12 对，较上颌的小，口闭时露于口外。肛门位于体的前中部。鳞退化。侧线在胸鳍上方显著下弯，沿腹缘伸达尾端。无腹鳍。尾鳍消失。体银白色，尾暗色。背鳍上半部及胸鳍淡灰色，具细小黑点。

6. 分布

该种分布于印度洋非洲东岸和南岸、红海，东至日本、朝鲜，南至印度尼西亚、澳大利亚。我国沿海均有分布。

7. 渔业

该种是我国近海最主要的经济鱼类之一。主要捕捞渔具为拖网、张网和钓，全年均可捕获，但主要渔期为夏季捕捞产卵群体、秋末冬初捕捞越冬洄游群体。2014—2016 年我国带鱼海洋捕捞年产量范围为 108.42 万～110.57 万 t，见表 1 - 23。

表 1 - 23　2014—2016 年各地区带鱼海洋捕捞产量（t）

地区	2014 年	2015 年	2016 年
辽宁	13 275	14 432	12 739
河北	6 240	5 722	2 577
天津	572	391	274
山东	69 506	62 458	62 568
江苏	54 176	55 341	55 890
上海	379	304	272
浙江	414 978	438 756	428 390

（续）

地区	2014 年	2015 年	2016 年
福建	180 086	173 071	164 072
广东	152 279	157 920	153 815
广西	31 318	31 174	31 296
海南	161 375	166 144	175 258
全国	1 084 184	1 105 713	1 087 151

8. 养殖与野生鉴别

该种类无养殖，全部为野生。

9. 可捕标准

（1）行业标准：渤海、黄海和东海可捕标准为肛长≥210 mm，南海可捕标准为肛长≥230 mm。

（2）海区标准：渤海区可捕标准为肛长≥250 mm。

（3）地方标准：浙江省可捕标准为体重≥125 g，或肛长≥205 mm。

10. 幼鱼比例检查建议

幼鱼比例执法检查时，建议采用水产行业标准执行。即幼鱼比例不得超过同种类渔获量的 20%，航次幼鱼合计比例不得超过航次总渔获量的 25%。

二十六、鲐鱼

渔业统计中的"鲐鱼"是鲭属和羽鳃鲐属种类的统称，其中以日本鲭和澳洲鲐产量最高。

（一）日本鲭

1. 学名

日本鲭 *Scomber japonicas*（Houttuyn，1782），见图 1 - 75。

图 1-75　日本鲭

2. 识别要点

日本鲭的识别要点见图 1-76。

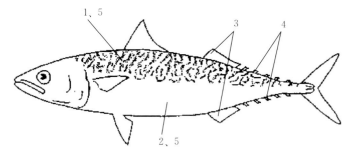

图 1-76　日本鲭的识别要点

1. 体被细小圆鳞　2. 体纺锤形，较澳洲鲐侧扁

3. 第二背鳍和臀鳍各具 1 枚硬棘　4. 第二背鳍和臀鳍后部各有 5 枚分离小鳍

5. 背部青黑色，具深蓝色不规则斑纹，侧线下部无蓝黑色小圆斑

（引自海外渔业协力财团，1995）

3. 同种异名

无。

4. 俗名

鲐巴鱼、鲭、青花鱼、油筒鱼（辽宁、河北、山东），鲐鱼、青占鱼（上海、浙江），花鲲、花鲱（福建），花池、花仙、花鲐（广东）。

5. 形态特征

体纺锤形，稍侧扁，背缘和腹缘浅弧形。尾柄细短，横切面近圆形，在尾鳍基部两侧各具 2 条小隆起嵴。眼具发达脂眼睑。背鳍 2 个，第一背鳍具 9～10 枚鳍棘，第二背鳍及臀鳍后方各有 5 枚小鳍；臀鳍前具一分离小棘。体背部青黑色，具深蓝色不规则斑纹，体侧上部深蓝色斑纹延至侧线下方，但不深伸达腹部。侧线下部无不规则小蓝黑斑。

6. 分布

该种为暖水性中上层鱼类，分布于印度洋-太平洋区温带海域。我国沿海均有分布，3—7 月向近海产卵洄游。

7. 渔业

该种为我国主要中上层经济鱼类，主要捕捞渔具为围网和中上层拖网，捕捞区域以东海北部、黄海外海、东海南部外海和福建沿海为主。汛期为 8 月至翌年 1 月，捕捞对象为索饵和越冬洄游群体，以 0＋群体为主。由于其生命周期短、繁殖力强、生长速度快等特点，产量尚属稳定。

8. 养殖与野生鉴别

该种类无养殖。

9. 可捕标准

（1）行业标准：国家水产行业可捕标准为叉长≥220 mm。

（2）地方标准：浙江省地方可捕标准为体重≥130 g，或叉长≥220 mm。

10. 幼鱼比例检查建议

幼鱼比例执法检查时，建议采用水产行业标准执行。即幼鱼比例不得超过同种类渔获量的 20％，航次幼鱼合计比例不得超过航次总渔获量的 25％。

（二）澳洲鲐

1. 学名

澳洲鲐 *Scomber australasicus*（Cuvier，1832），见图 1 - 77。

图 1-77 澳洲鲐

2. 识别要点

澳洲鲐的识别要点见图 1-78。

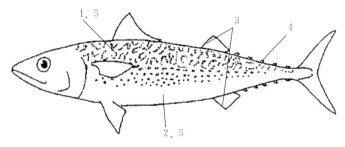

图 1-78 澳洲鲐的识别要点

1. 体被细小圆鳞 2. 体纺锤形，不如日本鲐侧扁

3. 第二背鳍和臀鳍各具 1 枚硬棘 4. 第二背鳍和臀鳍后部各有 5 枚分离小鳍

5. 背部青黑色，具深蓝色不规则斑纹，侧线下部具有许多不规则小蓝黑斑

（引自海外渔业协力财团，1995）

3. 同种异名

无。

4. 俗名

青占鱼、花连柱、狭头鲐、花腹鲭、花腹马鲛（浙江），花鲲（福建）。

5. 形态特征

体纺锤形，稍侧扁，背缘和腹缘浅弧形。尾柄细短，横切面近圆形，在尾鳍基部两侧各具 2 条小隆起嵴。眼具发达脂眼睑。

背鳍 2 个，第一背鳍具 11～12 枚鳍棘，第二背鳍及臀鳍后方各有 5 枚小鳍；臀鳍前具一分离小棘。体背部青黑色，体侧上部具深蓝色不规则斑纹，深蓝色斑纹不延伸至侧线下方。侧线下部具有许多不规则小蓝黑斑。

6. 分布

该种为暖水性中上层鱼类，我国产于东海及台湾海峡，2—5月在东海中南部外海产卵。

7. 渔业

该种为我国主要中上层经济鱼类，主要捕捞渔具为围网和中上层拖网，捕捞区域以东海南部外海和台湾海峡为主。

8. 养殖与野生鉴别

该种类无养殖。

9. 可捕标准

（1）行业标准：国家水产行业可捕标准为叉长≥220 mm。

（2）地方标准：浙江省地方可捕标准为体重≥130 g，或叉长≥220 mm。

10. 幼鱼比例检查建议

幼鱼比例执法检查时，建议采用水产行业标准执行。即幼鱼比例不得超过同种类渔获量的 20%，航次幼鱼合计比例不得超过航次总渔获量的 25%。

（三）鲐鱼渔业产量

2014—2016 年我国鲐鱼渔业统计年产量为 47 万～50 万 t，见表 1 - 24。

表 1 - 24　近 2014—2016 年各地区鲐鱼海洋捕捞统计产量（t）

地区	2014 年	2015 年	2016 年
辽宁	34 194	37 217	37 686
河北	1 644	6 177	8 264

（续）

地区	2014 年	2015 年	2016 年
天津	6 031	709	1 153
山东	69 555	58 064	54 938
江苏	5 900	5 926	5 029
上海	5	5	5
浙江	176 293	175 283	186 649
福建	126 798	126 155	139 811
广东	31 603	32 963	33 396
广西	13 633	13 529	13 627
海南	14 769	15 183	15 584
全国	480 425	471 211	496 142

二十七、蓝点马鲛

1. 学名

蓝点马鲛 *Scomberomorus niphonicus*（Cuvier，1832），见图 1 - 79。

图 1 - 79　蓝点马鲛

2. 识别要点

蓝点马鲛的识别要点见图 1 - 80。

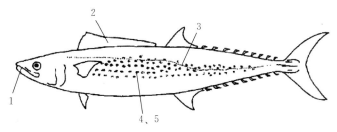

图 1-80　蓝点马鲛的识别要点

1. 颌部齿紧密，犬齿状，边缘无锯齿　2. 背鳍鳍棘数大于或等于 19
3. 侧线波浪形，在第二背鳍下方不急剧下弯　4. 体高小于头长
5. 躯干纵向排列有 7 行深色斑点
（引自海外渔业协力财团，1995）

3. 同种异名

无。

4. 俗名

马吉、燕鱼、鲅鱼（辽宁、河北、山东），鲛、马鲛鱼（上海、浙江），尖头马加、马鲛（福建）。

5. 形态特征

体延长，侧扁，背、腹缘浅弧形，向后渐细。尾柄两侧各具3 条隆起嵴。上下颌齿侧扁而尖锐。体高小于头长。侧线在背鳍下方逐渐下弯至尾基。背鳍具 19～20 枚鳍棘，15～16 枚鳍条。背鳍、臀鳍后方各具 8～9 枚分离小鳍。体背侧蓝黑色，腹部银灰色，沿体侧中央具数列深色圆斑点。

6. 近似种区别

我国海域与蓝点马鲛近似的种类主要有黄海、东海的朝鲜马鲛和东海、南海的康氏马鲛 2 种。三者主要特征区别如下。

蓝点马鲛：侧线在第二背鳍下方不向下急弯，背鳍具 19～20 枚鳍棘。体侧具 7 行或更多纵向斑点。

朝鲜马鲛 *Scomberomorus koreanus*（Kinshinouye，1915）：

侧线不急剧下弯，背鳍具 14～17 枚鳍棘。体侧沿侧线具数行稀疏深褐色斑点，见图 1-81。

图 1-81　朝鲜马鲛

（引自戴小杰等，2007）

康氏马鲛 *Scomberomorus commerson*（Lacepède，1800）：侧线在第二背鳍后下方向下急弯，背鳍具 15～18 枚鳍棘。体侧具很多垂直暗灰色波浪状条纹，见图 1-82。

图 1-82　康氏马鲛

（引自戴小杰等，2007）

7. 分布

该种为暖温性中上层鱼类，我国近海均有分布。

8. 渔业

该种是我国海洋渔业的主要捕捞对象之一，是流刺网专捕对象，拖网、围网和定置网的兼捕对象。马鲛属鱼类目前我国有 5 种，其中产量较多的有蓝点马鲛、朝鲜马鲛和斑点马鲛，在渔业统计中统称为"鲅鱼"。2014—2016 年我国鲅鱼海洋捕捞年产量范围为 42.85 万～43.29 万 t，见表 1-25。

表 1-25　2014—2016 年各地区鲅鱼海洋捕捞统计产量（t）

地区	2014 年	2015 年	2016 年
辽宁	70 156	74 946	72 668
河北	13 206	14 279	14 411
天津	526	1 278	564
山东	176 471	165 151	168 456
江苏	8 378	8 861	8 357
上海	57	93	157
浙江	71 266	77 067	79 932
福建	52 072	49 949	54 150
广东	27 914	29 141	26 371
广西	2 234	2 169	2 185
海南	6 195	5 583	5 637
全国	428 475	428 517	432 888

9. 养殖与野生鉴别

该种类尚在进行人工繁殖试验中，目前暂无养殖，全部为野生。

10. 可捕标准

（1）行业标准：国家水产行业可捕标准为叉长≥380 mm。

（2）海区标准：渤海区可捕标准为叉长≥380 mm。

（3）地方标准：浙江省可捕标准为体重≥430 g，或叉长≥380 mm。

11. 幼鱼比例检查建议

幼鱼比例执法检查时，建议采用水产行业标准执行。即幼鱼比例不得超过同种类渔获量的 20%，航次幼鱼合计比例不得超过航次总渔获量的 25%。

二十八、金枪鱼

渔业统计中"金枪鱼"是金枪鱼科所有种类的统称，我国常见的渔获种类有金枪鱼类、舵鲣类等。由于金枪鱼科中的种类体形与外表相近，加之我国产量不高，本部分仅简单介绍金枪鱼亚科（金枪鱼类）与舵鲣亚科（舵鲣类）的区别。

金枪鱼类：鱼体部全部被鳞。

舵鲣类：鱼体部除胸甲和侧线部位具鳞外，其余部位均裸露无鳞。

（一）金枪鱼类

我国海域分布的金枪鱼类主要有金枪鱼、长鳍金枪鱼、大眼金枪鱼、黄鳍金枪鱼、青甘金枪鱼和东方狐鲣等。

1. 学名与分布

金枪鱼 *Thunnus thynnus*（Linnaeus，1758），见图 1 - 83。我国东海、南海海域有分布。

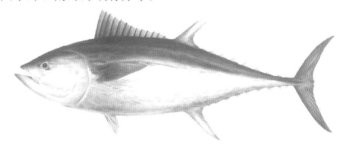

图 1 - 83　金枪鱼

（引自戴小杰等，2007）

长鳍金枪鱼 *Thunnus alalunga* （Bonnaterre，1788），见图 1-84。我国东海、南海海域有分布。

图 1-84　长鳍金枪鱼

（引自戴小杰等，2007）

大眼金枪鱼 *Thunnus thynnus* （Linnaeus，1758），见图 1-85。我国东海、南海海域有分布。

图 1-85　大眼金枪鱼

（引自戴小杰等，2007）

黄鳍金枪鱼 *Thunnus albacares* （Bonnaterre，1788），见图 1-86。我国南海海域有分布。

青甘金枪鱼 *Thunnus tonggol* （Bleeker，1851），见图 1-87。我国南海海域有分布。

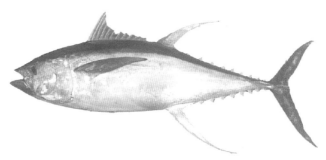

图 1 - 86　黄鳍金枪鱼

（引自戴小杰等，2007）

图 1 - 87　青甘金枪鱼

（引自戴小杰等，2007）

东方狐鲣 *Sarda orientalis*（Temminck et Schlegel，1844），见图 1 - 88。我国东海、南海海域有分布。

图 1 - 88　东方狐鲣

（引自戴小杰等，2007）

2. 识别要点

金枪鱼的识别要点见图 1-89。

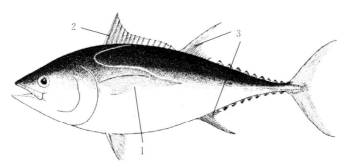

图 1-89　金枪鱼的识别要点

1. 胸鳍短，后端不及第二背鳍　2. 第一背鳍黄色或蓝色

3. 第二背鳍褐色并略带红色；第二背鳍和臀鳍很长，呈弧形弯曲

（引自 Collette 等，1983）

长鳍金枪鱼的识别要点见图 1-90。

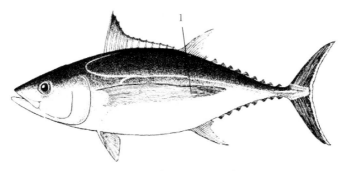

图 1-90　长鳍金枪鱼的识别要点

1. 胸鳍很长，后端可达第二游离小鳍

（引自 Collette 等，1983）

大眼金枪鱼的识别要点见图 1-91。

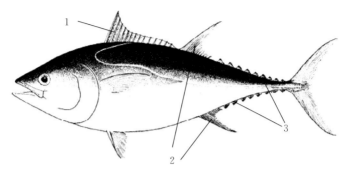

图 1-91　大眼金枪鱼的识别要点

1. 第一背鳍深黄色　2. 第二背鳍和臀鳍淡黄色　3. 小鳍鲜黄色、边缘黑色

（引自 Collette 等，1983）

黄鳍金枪鱼的识别要点见图 1-92。

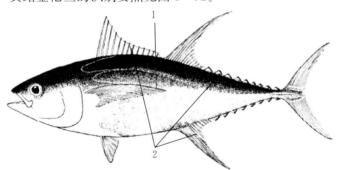

图 1-92　黄鳍金枪鱼的识别要点

1. 胸鳍末端可伸达第二背鳍　2. 背鳍、臀鳍、小鳍同为橘黄色

（引自 Collette 等，1983）

青甘金枪鱼的识别要点见图 1-93。

东方狐鲣的识别要点见图 1-94。

3. 俗名

金枪鱼、炮弹鱼。

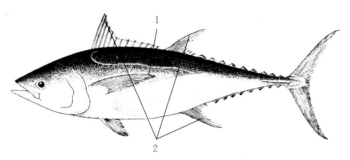

图 1-93 青甘金枪鱼的识别要点

1. 胸鳍末端不达第二背鳍 2. 第一背鳍、臀鳍黑色，第二背鳍和臀鳍末端黄色

（引自 Collette 等，1983）

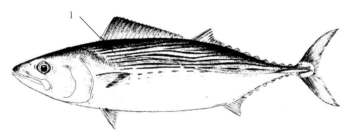

图 1-94 东方狐鲣的识别要点

1. 背部上侧有 6 条水平的深蓝色纵带

（引自 Collette 等，1983）

4. 渔业

主要为灯光围网、敷（罩）网、拖网等渔具兼捕。

5. 养殖与野生鉴别

金枪鱼类各种类目前在我国均无养殖。

6. 可捕标准

暂未制订相关可捕标准。

（二）舵鲣类

我国海域常见的舵鲣类主要有鲣、圆舵鲣和扁舵鲣等。

1. 学名与分布

鲣 *katsuwonus pelamis* （Linnaeus，1758），见图 1 - 95。我国东海、南海海域有分布。

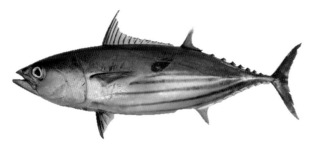

图 1 - 95 鲣

圆舵鲣 *Auxis rochei* （Risso，1810），见图 1 - 96。我国黄海、东海、南海海域均有分布。

图 1 - 96 圆舵鲣

扁舵鲣 *Auxis thazard* （Lacepède，1800），见图 1 - 97。我国东海、南海海域有分布。

图 1 - 97 扁舵鲣

2. 识别要点

鲣的识别要点见图 1-98。

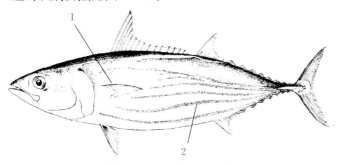

图 1-98 鲣的识别要点

1. 胸部圆鳞在胸鳍基部及上方特别大，且大部分止于背鳍第十一鳍棘下方，仅有数行小鳞延伸至第一小鳍下方 2. 腹侧具 4～5 条黑色纵带
（引自 Collette 等，1983）

圆舵鲣的识别要点见图 1-99。

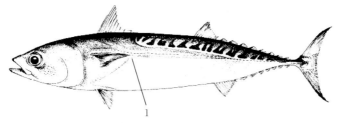

图 1-99 圆舵鲣的识别要点

1. 胸部鳞片向后延伸，几近侧线终点
（引自 Collette 等，1983）

扁舵鲣的识别要点见图 1-100。

3. 俗名

舵鲣类各个种的数量较少，且地方不同，渔民叫法不一。常见的俗名有炸弹鱼、洋包鱼（浙江），水昆、桌昆、铅锤、海块、

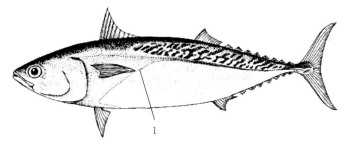

图 1－100　扁舵鲣的识别要点

1.胸部鳞片止于胸鳍末端附近

（引自 Collette 等，1983）

炸弹鱼（福建），竹棍、杜仲（广东）等。

4.渔业

主要为灯光围网、敷（罩）网、拖网等渔具兼捕。

5.养殖与野生鉴别

金枪鱼类各种类目前在我国均无养殖。

6.可捕标准

暂未制订相关可捕标准。

（三）金枪鱼渔业产量

金枪鱼主要分布于我国的南海和东海。2014—2016 年我国金枪鱼捕捞年产量在 4.4 万～5.0 万 t，见表 1－26，但国内消费的金枪鱼主要产自远洋捕捞。

表 1－26　2014—2016 年各地区金枪鱼海洋捕捞统计产量（t）

地区	2014 年	2015 年	2016 年
辽宁			200
河北			
天津			
山东			

（续）

地区	2014 年	2015 年	2016 年
江苏			
上海	2	2	2
浙江	5 722	5 931	5 726
福建	3 209	3 800	2 834
广东	18 609	19 445	20 871
广西			
海南	16 810	18 056	20 499
全国	44 352	47 234	50 132

二十九、鲽类

渔业统计中的"鲽类"是鲽科鱼类的总称。我国近海有记录的鲽科鱼类有 20 余种，其中有渔业价值的仅数种，如黄盖鲽、高眼鲽等，且种群数量不大，渔获均为兼捕所得。本部分仅介绍钝吻黄盖鲽和高眼鲽 2 种。

（一）钝吻黄盖鲽

1. 学名

钝吻黄盖鲽 *Pseudopleuronectes yokohamae*（Günther，1877），见图 1 - 101。

图 1 - 101　钝吻黄盖鲽

2. 识别要点

钝吻黄盖鲽的识别要点见图1-102。

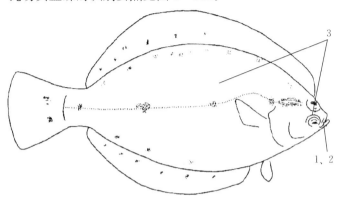

图1-102　钝吻黄盖鲽的识别要点

1. 口小，上颌短于眼径

2. 有眼侧上颌有8～15枚齿（通常11枚），下颌有9～17枚齿（通常13枚）

3. 眼间隔有鳞，有眼侧体黄褐色，散有暗斑

（引自海外渔业协力财团，1995）

3. 同种异名

黄盖鲽、钝吻鲽。

4. 俗名

黄盖、沙板、小嘴、沙盖。

5. 形态特征

体椭圆形，极侧扁。头钝，上眼前部头背缘微凹。鳞较小，有眼侧为栉鳞，无眼侧为圆鳞。两眼间具小栉鳞。胸鳍上方的侧线部呈低弧形弯曲。有眼侧体呈黄褐色，有大小不等的深褐斑，鳍灰黄色，背鳍、臀鳍各有1纵行深褐斑，尾鳍后部较暗且前部上下常各有一斑。无眼侧体呈白色，鳍黄色。

6. 分布

一般2月在黄海中部有越冬群，3月开始北游，4月到达渤海海峡，5月在海洋岛附近产卵生殖，6月后分散索食，10月向深水移动，又在渤海海峡及海洋岛南形成鱼群，11—12月渐南返越冬场。我国渤海、黄海和东海北部均有分布。

7. 渔业

该种是近海底层经济鱼类，多为底拖网兼捕。

8. 养殖与野生鉴别

辽宁省和山东省有养殖。养殖与野生之间未见明显区别特征。

9. 可捕标准

（1）行业标准：暂无。

（2）海区标准：渤海区可捕标准为体长≥190 mm。

（3）地方标准：暂无。

10. 幼鱼比例检查建议

幼鱼比例执法检查时，建议暂先采用渤海区可捕标准在当地执行。即幼鱼比例不得超过同种类渔获量的20％，航次幼鱼合计比例不得超过航次总渔获量的25％。

（二）高眼鲽

1. 学名

高眼鲽 *Cleisthenes herzensteini* （Schmidt，1904），见图 1-103。

图 1-103　高眼鲽

（自摄）

2. 识别要点

高眼鲽的识别要点见图 1 - 104。

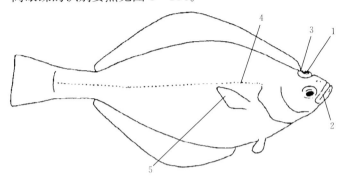

图 1 - 104　高眼鲽的识别要点

1. 眼位高，位于头背缘　2. 口较大，上下颌各 1 行齿

3. 背鳍起点始于眼后缘　4. 侧线近直线形　5. 胸鳍中部鳍条分枝

（引自海外渔业协力财团，1995）

3. 同种异名

无。

4. 俗名

高眼、长脖、偏口、片口、比目、地鱼、扁鱼。

5. 形态特征

体长椭圆形，极侧扁。尾柄较细长。两眼位于体右侧，上眼位很高，越过头背中线，下眼前缘较上眼略前。鳞小，不易脱落。头体右侧大部分为栉鳞，两颌及胸鳍无磷，眼间隔及其他鳍均有鳞。体右侧黄灰褐色，无明显斑纹，鳍灰黄色，奇鳍外缘较暗。体左侧白色，偶鳍淡黄色。

6. 分布

分布于浙江大陈岛到鸭绿江口等海区，黄海、渤海最多。

7. 渔业

在黄海产量较大，为机轮底拖网主要捕捞对象之一。

8. 养殖与野生鉴别

尚无规模化养殖。

9. 可捕标准

（1）行业标准：暂无。

（2）海区标准：渤海区可捕标准为体长≥150 mm。

（3）地方标准：暂无。

10. 幼鱼比例检查建议

幼鱼比例执法检查时，建议暂先采用渤海区可捕标准在当地执行。即幼鱼比例不得超过同种类渔获量的 20%，航次幼鱼合计比例不得超过航次总渔获量的 25%。

（三）鲽类渔业产量

由于我国近海鲽类种群数量不大，渔获均为兼捕所得，其产量一直未被列入渔业统计年鉴进行海洋捕捞分品种单独统计。但鲽类在我国北方沿海有一定养殖规模，并以"鲽鱼"纳入海水养殖分品种产量统计，养殖对象主要有石鲽、星斑川鲽、条斑星鲽、圆斑星鲽等，2014—2016 年鲽鱼的渔业统计养殖产量为0.86 万～1.34 万 t。

三十、鲆类

渔业统计中的"鲆类"是牙鲆科和鲆科鱼类的总称。我国近海有记录的鲆类有数十种，但绝大多数无法形成渔业价值。即使有一定产量的褐牙鲆，其种群数量也不大，且渔获均为兼捕所得，一直未被列入渔业统计年鉴进行海洋捕捞分品种单独统计。但鲆类在我国南北方沿海均有一定养殖规模，并以"鲆鱼"纳入海水养殖分品种产量统计，养殖对象主要有外来种大菱鲆和本地种褐牙鲆等，2014—2016 年鲆鱼的渔业统计养殖年产量在 10 万 t左右。本部分仅以褐牙鲆为例介绍。

1. 学名

褐牙鲆 *Paralichthys olivaceus*（Temminck et Schlegel，

1846），见图 1－105。

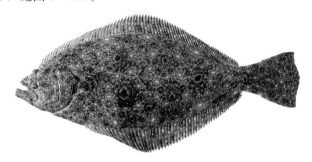

图 1－105　褐牙鲆

2. 识别要点

褐牙鲆的识别要点见图 1－106。

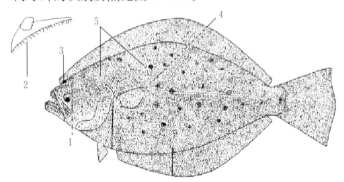

图 1－106　褐牙鲆的识别要点

1. 口大，最大延长至眼睛后缘　2. 上下颌有一组犬齿

3. 两眼均位于身体左侧　4. 无眼侧胸鳍中部鳍条分枝　5. 鱼鳞很小

3. 同种异名

无。

4. 俗名

偏口、牙片、牙鳎（辽宁、河北、山东），片口、比目鱼
（江苏、上海、浙江），上船篮、牙鲆（浙江），酒平（福建），左

口、沙地、地鱼（广东）。

5. 形态特征

体侧扁，长圆形，背腹缘凸度相似，尾柄长而高。口大，前位。口裂斜，两颌约等长。齿尖锐，呈锥状，上下颌各1行，均发达，前部齿较强大，呈犬齿状。犁骨与腭骨均无齿。有眼侧被小栉鳞，无眼侧被圆鳞。身体两侧侧线同样发达，侧线前部呈弯弓形，无明显的颞上枝。有眼侧灰褐色，具暗色或黑色斑点。无眼侧白色。胸鳍有暗点或横条纹。

6. 分布

我国沿海均有分布。

7. 渔业

该种是我国重要海洋经济鱼类之一，是黄海重要兼捕对象，捕捞渔具有拖网、定置网和延绳钓等。同时也是主要的海水增养殖鱼类，养殖方式多为工厂化养殖、网箱养殖和池塘养殖。无单品种养殖统计产量。

8. 养殖与野生鉴别

形态上尚无法分辨。捕捞渔获一般非活体，且大小不均。

9. 可捕标准

（1）行业标准：暂无。

（2）海区标准：渤海区可捕标准为体长≥270 mm。

（3）地方标准：暂无。

10. 幼鱼比例检查建议

幼鱼比例执法检查时，建议暂先采用渤海区可捕标准在当地执行。即幼鱼比例不得超过同种类渔获量的20%，航次幼鱼合计比例不得超过航次总渔获量的25%。

三十一、鳎类

渔业统计中的鳎类是指舌鳎科鱼类的总称。我国近海有记录的舌鳎科鱼类有20余种，但绝大多数无法形成渔业价值。即使有一定产量的半滑舌鳎，其种群数量也不大，且渔获均为兼捕所得，一直未被列入渔业统计年鉴进行海洋捕捞分品种单独统计。虽然鳎类在我国北方沿海有一定养殖规模，但由于数量不大而未纳入海水养殖分品种产量统计，养殖对象也主要以半滑舌鳎为主。本部分仅以半滑舌鳎为例介绍。

1. 学名

半滑舌鳎 *Cynoglossus semilaevis* (Günther，1873)，见图 1 - 107。

图 1 - 107　半滑舌鳎

2. 识别要点

半滑舌鳎的识别要点见图 1 - 108。

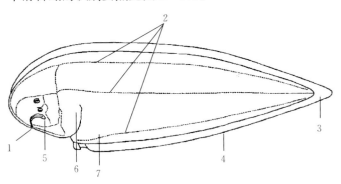

图 1 - 108　半滑舌鳎的识别要点

1. 鼻部末端弯曲如钩，不到上眼的前缘；头长是口鼻部的 2.6～2.7 倍

2. 有眼侧被栉鳞，无眼侧被圆鳞；有眼侧具 3 行侧线；上、中侧线之间的鳞 23～27 行

3. 尾鳍鳍条 9 枚或更多　4. 臀鳍鳍条通常不超过 100 枚　5. 口角达下眼后缘下方

6. 头的前缘半圆形；体长是头长的 4.2～4.5 倍　7. 体长是体高的 3.1～3.6 倍

3. 同种异名

无。

4. 俗名

鳎米、舌头鱼、鳎目、牛舌（辽宁、河北、山东），舌鳎（江苏、上海、浙江）。

5. 形态特征

体呈宽舌状。两眼均在头左侧，上眼较下眼略前位，眼间隔较宽。有眼侧两颌无齿，无眼侧两颌具绒毛状齿。有眼侧被栉鳞，具3条侧线；无眼侧被圆鳞，无侧线。背鳍、臀鳍和尾鳍相连，无胸鳍，尾鳍尖形。有眼侧体呈褐色，无眼侧白色。

6. 分布

我国沿海均有分布，终年生活栖息在中国近海海区，具广温、广盐和适应多变的环境条件的特点。

7. 渔业

该种为名贵鱼类，近海常被底拖网、桁杆拖虾网和钓具类兼捕。我国北方的辽宁省和山东省有养殖。无渔业统计产量。

8. 养殖与野生鉴别

形态上尚无法分辨。捕捞渔获一般非活体，且大小不均。

9. 可捕标准

（1）行业标准：暂无。

（2）海区标准：渤海区可捕标准为体长≥270 mm。

（3）地方标准：暂无。

10. 幼鱼比例检查建议

幼鱼比例执法检查时，建议暂先采用渤海区可捕标准在当地执行。即幼鱼比例不得超过同种类渔获量的20%，航次幼鱼合计比例不得超过航次总渔获量的25%。

三十二、绿鳍马面鲀

1. 学名

绿鳍马面鲀 *Thamnaconus modestus*（Günther，1877），见图 1 - 109。

图 1 - 109　绿鳍马面鲀

2. 识别要点

绿鳍马面鲀的识别要点见图 1 - 110。

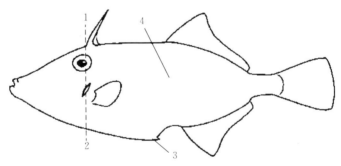

图 1 - 110　绿鳍马面鲀的识别要点

1. 第一背鳍的第一鳍棘长，位于眼中央的稍后方　2. 鳃孔位于眼后半部的下方
3. 腹鳍退化固定　4. 体灰棕色，鳍浅蓝色或绿色，幼体存大块黑色区域
（引自海外渔业协力财团，1995）

3. 同种异名

无。

4. 俗名

橡皮鱼、剥皮鱼、马面鱼（江苏、上海、浙江）。

5. 形态特征

体长椭圆形，甚侧扁。头侧视三角形。吻尖突。口前位。上颌齿2行、下颌齿1行，楔形。鳃孔斜裂，位较低，几乎全部或大部分在口裂水平线之下。第一背鳍位于眼后半部上方，前方和后侧缘有倒棘。第二背鳍具37～39枚鳍条。臀鳍具34～36枚鳍条。腹鳍合为一短棘，不能活动。尾鳍圆形。体蓝灰色，各鳍均为绿色。

6. 分布

为外海暖温性底层鱼类，喜集群，在越冬及产卵期间有明显昼夜垂直移动习性。分布于东海、黄海、渤海、日本海、日本东部沿海、印度洋、非洲西部和南部近海等，以东海的数量为最多。

7. 渔业

渔业统计中的"马面鲀"是马面鲀属和革鲀属种类的统称。绿鳍马面鲀是我国海洋捕捞的主要对象之一，80年代后期其产量仅次于带鱼，最高产量达到36.43万t水平，成为东海区拖网渔业中的主要捕捞鱼类。20世纪90年代以来，由于过度捕捞等原因，自然资源量大幅下降。近年来，绿鳍马面鲀捕捞量很低，市面上很少能见到绿鳍马面鲀的踪影。

8. 养殖与野生鉴别

该品种在我国北方已有养殖，但规模不大。虽然养殖与野生个体形态上尚无法分辨，但捕捞渔获一般非活体，且大小不均。

9. 可捕标准

（1）行业标准：国家可捕标准为体长≥160 mm。

（2）海区标准：暂无。

（3）地方标准：浙江省可捕标准为体重≥80 g，或体长≥160 mm。

10. 幼鱼比例检查建议

幼鱼比例执法检查时，建议采用水产行业标准执行。即幼鱼比例不得超过同种类渔获量的20％，航次幼鱼合计比例不得超过航次总渔获量的25％。

三十三、黄鳍马面鲀

1. 学名

黄鳍马面鲀 *Thamnaconus hypargyreus*（Cope，1871），见图1－111。

图1－111　黄鳍马面鲀

2. 识别要点

黄鳍马面鲀的识别要点见图1－112。

3. 同种异名

无。

4. 俗名

马面鱼、剥皮鱼（浙江），羊鱼、迪仔、剥皮牛（广东、广西）。

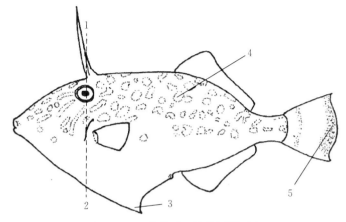

图 1 - 112 黄鳍马面鲀的识别要点

1. 第一背鳍的第一鳍棘长，位于眼中央的稍后方
2. 鳃孔位于眼后半部的下方 3. 腹鳍退化固定
4. 体色暗灰，具暗褐色斑 5. 尾鳍边缘具黑斑
（引自海外渔业协力财团，1995）

5. 形态特征

体长椭圆形，侧扁。头侧视三角形。吻尖突。口前位。上颌齿 2 行，下颌齿 1 行。鳃孔位于眼后半部下方，约有 2/3～4/5 在口裂水平线之下。第一背鳍鳍棘前、后缘共具 4 行小倒棘，第二背鳍 34～36 枚鳍条。臀鳍具 32～35 枚鳍条。头部具淡棕色或淡金色斑点或线纹，背鳍、臀鳍和尾鳍黄色，尾鳍外缘黑色。

6. 分布

该种为暖温性底层鱼类，喜集群，在越冬及产卵期间有明显昼夜垂直移动习性。国外分布于日本、朝鲜半岛、越南及澳大利亚海域。我国产于东海、南海及台湾周边海域。

7. 渔业

渔业统计中的"马面鲀"是马面鲀属和革鲀属种类的统称。

马面鲀是我国底拖网生产的主要经济鱼种，2014—2016 年产量维持在 20 万 t 左右，其中黄鳍马面鲀渔获量约占马面鲀捕捞总产量的九成。

8. 养殖与野生鉴别

该品种尚无养殖。

9. 可捕标准

（1）行业标准：国家可捕标准为体长≥100 mm。

（2）海区标准：暂无。

（3）地方标准：浙江省可捕标准为体重≥30 g，或体长≥110 mm。

10. 幼鱼比例检查建议

幼鱼比例执法检查时，建议采用水产行业标准执行。即幼鱼比例不得超过同种类渔获量的 20%，航次幼鱼合计比例不得超过航次总渔获量的 25%。

第二章

甲　壳　类

一、对虾

　　渔业统计中的"对虾"是中国明对虾、日本囊对虾、长毛对虾、斑节对虾等种类的统称。2014—2016年，全国海洋捕捞统计"对虾"产量为14.03万～17.23万t。本部分主要介绍前两种。

（一）中国明对虾

1. 学名

　　中国明对虾 *Fenneropenaeus chinensis*（Osbeck，1765），见图2-1。

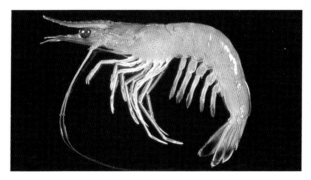

图2-1　中国明对虾

2. 识别要点

　　中国明对虾的识别要点见图2-2。

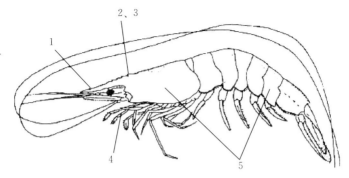

图 2-2　中国明对虾的识别要点

1. 额角具齿，平直前伸，直达第一触角末端　2. 背中部脊较短，无沟
3. 胃区前部脊较短，肝基部缺失　4. 第一步足具脊刺和座节刺
5. 壳光滑，体色浅灰到蓝灰色
（引自海外渔业协力财团，1995）

3. 同种异名

中国对虾。

4. 俗名

东方对虾、明虾、中国对虾、对虾、大虾、肉虾、黄虾
（雄）、青虾（雌）。

5. 形态特征

甲壳薄而透明、光滑，雌性体色青蓝色，雄性棕黄色。额角
较长，平直前伸，末端超出第一触角柄末，基部微凸，末端稍
粗。额角齿式 7～9/3～5。额角后脊伸至头胸甲中部消失。额角
侧沟短浅，伸至胃上刺下方。无肝脊及额胃刺。

6. 分布

我国沿海均有分布，但以黄海、渤海为多，是中国和朝鲜的
特有种。

7. 渔业

该种是我国主要经济虾类之一，主要捕捞渔具为拖网、锚流

网和张网等。同时该种也是我国北方沿海主要养殖对象。该种类未纳入海洋捕捞分品种产量统计，但纳入海水养殖分品种产量统计。2014—2016 年中国明对虾养殖年产量范围为 3.93 万～4.82万 t，见表 2-1。

表 2-1　2014—2016 年各地区对虾捕捞和中国明对虾养殖统计产量（t）

地区	2014 年		2015 年		2016 年	
	捕捞	养殖	捕捞	养殖	捕捞	养殖
辽宁	6 322	9 685	5 537	11 542	7 011	13 526
河北	1 589	4 607	2 862	4 700	2 517	5 033
天津	67		79		55	
山东	5 582	11 078	6 839	8 465	13 169	9 086
江苏	2 770	6 501	2 579	5 692	2 499	6 398
上海	163		31		224	
浙江	15 291	975	23 057	562	23 894	536
福建	23 813	4 146	28 563	4 527	29 466	4 709
广东	52 658	11 175	53 676	9 311	56 869	
广西	18 860		19 236		19 636	
海南	13 171		15 933		16 922	
全国	140 286	48 167	158 392	44 799	172 262	39 288

8. 养殖与野生鉴别

形态上难以分辨。

9. 可捕标准

（1）行业标准：暂无。

（2）海区标准：渤海区可捕标准为体长（雌）≥150 mm。

（3）地方标准：暂无。

10. 幼虾比例检查建议

幼虾比例执法检查时，建议暂先采用渤海区可捕标准在当地执行。即幼虾比例不得超过同种类渔获量的 20%，航次幼虾合计比例不得超过航次总渔获量的 25%。

（二）日本囊对虾

1. 学名

日本囊对虾 *Marsupenaeus japonicus*（Bate，1888），见图 2 - 3。

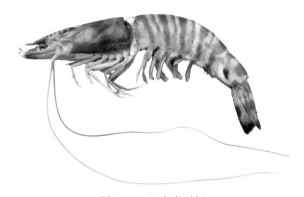

图 2 - 3　日本囊对虾

2. 识别要点

日本囊对虾的识别要点见图 2 - 4。

3. 同种异名

日本对虾。

4. 俗名

竹节虾、花虾、斑节虾、车虾。

5. 形态特征

体表面光滑，具棕色和蓝色相间的横斑，附肢呈黄色，尾肢蓝色和黄色，雄性个体较青蓝，雌性个体棕褐色明显。额角稍向下倾，末端尖细，微向上弯，额角齿式 8～10/1～2。额角后脊

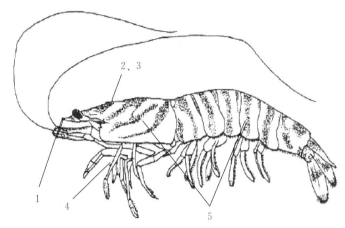

图 2-4 日本囊对虾的识别要点

1. 额角具齿，平直前伸，直达第一触角末端 2. 中部背脊有沟，向后延伸至甲壳后缘
3. 胃区前部和肝区有脊 4. 第一步足上有脊刺和座节刺
5. 壳光滑，具有棕色的宽带（头胸甲上 3 个，每个腹部体节上有 1 个）

（引自海外渔业协力财团，1995）

几乎达到头胸甲后缘。头胸甲具中央沟和额角侧沟，侧沟很深，其宽度比额角后脊窄，伸至头胸甲后缘。具有明显的肝脊，额胃脊极明显。第一触角鞭特别短，短于其柄部。尾节有 3 对侧刺。

6. 分布

我国黄海南部、东海和南海均有分布。

7. 渔业

该种是东海和南海主要捕捞对象之一，东海区的渔期为 8—10 月。同时该种类也是我国重要的海水养殖对象，从辽宁省至海南省沿海均有规模化养殖。该种类未纳入海洋捕捞分品种产量统计，但纳入海水养殖分品种产量统计。2014—2016 年日本囊对虾养殖年产量范围为 4.63 万～5.59 万 t，见表 2-2。

表 2 - 2   2014—2016 年各地区对虾捕捞和日本囊对虾养殖统计产量（t）

地区	2014 年		2015 年		2016 年	
	捕捞	养殖	捕捞	养殖	捕捞	养殖
辽宁	6 322	2 250	5 537	2 950	7 011	6 500
河北	1 589	3 863	2 862	4 482	2 517	4 886
天津	67		79		55	
山东	5 582	20 977	6 839	20 445	13 169	25 429
江苏	2 770	1 120	2 579	825	2 499	778
上海	163		31		224	
浙江	15 291	1 076	23 057	766	23 894	758
福建	23 813	11 287	28 563	11 487	29 466	11 782
广东	52 658	6 724	53 676	5 200	56 869	5 737
广西	18 860	172	19 236	174	19 636	15
海南	13 171		15 933		16 922	
全国	140 286	47 469	158 392	46 329	172 262	55 885

8. 养殖与野生鉴别

形态上无法分辨。

9. 可捕标准

暂无。

二、鹰爪虾

1. 学名

鹰爪虾 *Trachypenaeus curvirostris*（Stimpson，1860），见图 2 - 5。

2. 识别要点

鹰爪虾的识别要点见图 2 - 6。

图 2 - 5　鹰爪虾

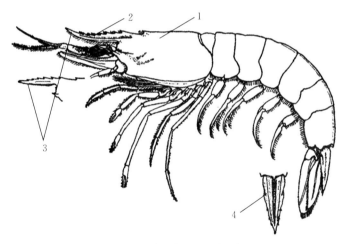

图 2 - 6　鹰爪虾的识别要点

1. 甲壳很厚，表面粗糙不平　2. 额角上缘具 5～7 齿，下缘无齿
3. 雄性额角平直前伸，雌性额角末端向上弯曲　4. 尾节末端尖细，两侧具有活动刺
（引自浙江动物志委员会，1991）

3. 同种异名

无。

4. 俗名

鸡爪虾、厚壳虾、红虾、立虾、厚虾、硬壳虾、沙虾、霉虾。

5. 形态特征

腹部各节前缘白色，后半部为红黄色。体较粗短，甲壳很厚，表面粗糙不平。额角长为头胸甲长的 1/2，额角齿式 5～7/0。雌性成虾额角末端向上弯曲，雌性幼虾和雄虾则平直前伸。头胸甲的触角刺具较短的纵缝。腹部背面有脊。第一步足具座节刺，尾节末端尖细，两侧各具 3 对活动刺。雄性生殖器对称，呈锚形。

6. 分布

我国沿海均有分市，东海、黄海、渤海产量较多。

7. 渔业

该种是我国主要经济虾类之一，主要捕捞渔具为桁杆拖虾网、拖网、帆式张网和定置网。东海汛期为 5—8 月；黄渤海为 6—7 月（夏汛）及 10—11 月（秋汛）。鹰爪虾捕捞年产量波动较大，1999—2015 年全国捕捞产量在 23.37 万～42.78 万 t，2014—2016 年各地区捕捞产量见表 2-3。

表 2-3 2014—2016 年各地区鹰爪虾捕捞统计产量（t）

地区	2014 年	2015 年	2016 年
辽宁	7 003	9 490	9 604
河北	2 866	2 602	2 363
天津			
山东	27 072	25 882	26 129
江苏	10 128	9 756	9 337
上海	764	807	743
浙江	197 406	242 150	210 347
福建	47 784	48 642	48 661
广东	13 421	13 887	14 461

（续）

地区	2014 年	2015 年	2016 年
广西	8 256	8 349	8 587
海南	4 345	4 555	4 744
全国	319 045	366 120	334 976

8. 养殖与野生鉴别

无养殖。

9. 可捕标准

暂无。

三、毛虾

毛虾是我国重要的小型经济虾类之一，其营养价值很高，在渔业统计中，"毛虾"是中国毛虾、日本毛虾、红毛虾、锯齿毛虾、中型毛虾和普通毛虾等种类的统称，其中中国毛虾为绝对优势种群。

1. 学名

中国毛虾 *Acetes chinenses*（Hansen，1919），见图 2-7。

图 2-7　中国毛虾

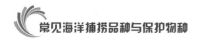

2. 识别要点

中国毛虾的识别要点见图 2-8。

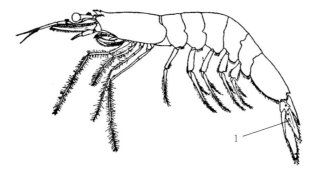

图 2-8　中国毛虾的识别要点

1. 尾肢的基肢上有 2~5 个红色圆点

（引自浙江动物志委员会，1991）

3. 同种异名

无。

4. 俗名

毛虾、小白虾、水虾、虾皮、糯米饭虾。

5. 形态特征

体形小，侧扁，甲壳薄而软。额角极短小，侧面略呈三角形，上缘具 2 齿，第一齿比第二齿大。头胸甲具眼后刺及肝刺。腹部以第六节为最长，仅比头胸甲稍短。尾节很短，末端圆而无刺，后侧缘及末端呈羽毛状。体无色透明，仅口器部分和第二触角鞭呈红色，第六腹节的腹面呈微红色。尾肢的基肢上有一红色圆点，内肢短于外肢，基部有一列红色小点，数目 3~4 个或 7~8 个不等。雄性交接器的头部细长，呈棒状，其外缘及顶部膨大而具有钩刺的部分甚长，雌性生殖板后缘中央向前凹陷。

6. 分布

我国渤海、黄海、东海和南海北部均有分布。

7. 渔业

中国毛虾是一种生长迅速、生命周期短、繁殖力强、游泳能力弱的小型虾类，是沿岸张网渔业的重要捕捞对象之一。在渔业统计中其捕捞产量并未单列统计，只是笼统地归结为毛虾类进行统计。全年均可捕捞，冬、春两季的产量最高。2014—2016年我国毛虾捕捞的渔业统计年产量为 51.43 万～53.80 万 t，见表 2-4。

表 2-4　2014—2016 年各地区毛虾捕捞统计产量（t）

地区	2014 年	2015 年	2016 年
辽宁	44 269	37 417	33 117
河北	11 556	10 209	8 832
天津	109	91	77
山东	87 681	83 258	76 325
江苏	25 149	26 539	27 423
上海			
浙江	229 154	227 989	218 707
福建	56 432	60 863	62 868
广东	42 296	42 357	43 319
广西	28 433	29 561	30 232
海南	12 932	13 978	13 426
全国	538 011	532 262	514 326

8. 养殖与野生鉴别

无养殖。

9. 可捕标准

（1）行业标准：暂无。

（2）海区标准：暂无。

（3）地方标准：暂无。

四、口虾蛄

1. 学名

口虾蛄 *Oratosquilla oratoria*（De Hann，1844），见图 2 - 9。

图 2 - 9　口虾蛄

2. 识别要点

口虾蛄的识别要点见图 2 - 10。

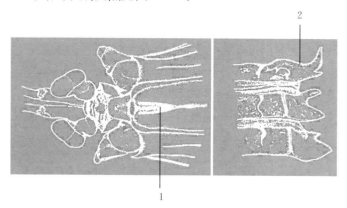

图 2 - 10　口虾蛄的识别要点

1. 头胸甲的中央脊近前端部呈"Y"形
2. 第五胸节前部侧突长而尖锐且曲向前侧方
（引自浙江动物志委员会，1991）

3. 同种异名

无。

4. 俗名

虾蛄、虾拨弹、虾救弹、虾爬子、螳螂虾、琵琶虾、皮皮虾、虾靶子、虾公驼子。

5. 形态特征

额宽略大于长，前端圆。头胸甲较一般种类宽大，前侧角成锐刺，两侧各有 5 条纵脊，中央脊近前端部分呈"Y"叉状，深陷的颈沟周围胃部高起。胸部第五至八节各有 2 对纵脊，第五至七节的侧突各分前后两部分。腹部第一至五节背面各有 4 对纵脊，且第二至四节各节中线上有 2 个前后排列的颗粒状突起，第六节的纵脊有显著的 3 对成隆突。雄体的捕肢、尾节及其隆起均比雌体发达。体表无黑色斑纹。

6. 分布

该种为广温低盐性种类，四季中无明显的、较大范围的移动趋势，6—7 月集中于近岸浅水区产卵繁殖。我国沿海均有分布。

7. 渔业

该种为流刺网和张网常见的渔获物，富有经济价值。渔业统计中的"虾蛄"是虾蛄科种类的统称，其中又以口虾蛄属的种类为主。2014—2016 年我国渔业统计年产量为 28.4 万～29.4 万 t，见表 2-5。

表 2-5　2014—2016 年各地区虾蛄捕捞统计产量（t）

地区	2014 年	2015 年	2016 年
辽宁	67 998	65 873	63 788
河北	19 083	18 501	17 161
天津	490	546	574
山东	55 750	56 452	54 058
江苏	8 585	8 719	8 742

（续）

地区	2014 年	2015 年	2016 年
上海			
浙江	73 264	74 613	62 179
福建	36 586	36 041	38 274
广东	21 389	24 083	29 047
广西	7 481	7 518	7 595
海南	2 170	1 846	2 089
全国	292 796	294 192	283 507

8. 养殖与野生鉴别

口虾蛄的人工繁殖在一些地区已经取得突破，但养殖规模极小。

9. 可捕标准

（1）行业标准：暂无。

（2）海区标准：渤海区可捕标准为体长≥110 mm。

（3）地方标准：暂无。

10. 幼鱼比例检查建议

幼鱼比例执法检查时，建议暂先采用渤海区标准在当地执行。即幼体比例不得超过同种类渔获量的 20%，航次幼体合计比例不得超过航次总渔获量的 25%。

五、三疣梭子蟹

1. 学名

三疣梭子蟹 *Portunus trituberculatus*（Miers，1876），见图 2 - 11。

2. 识别要点

三疣梭子蟹的识别要点见图 2 - 12。

图 2-11 三疣梭子蟹

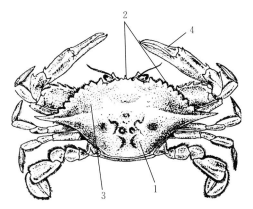

图 2-12 三疣梭子蟹的识别要点

1. 头胸甲显著横宽，呈横六边形或横菱形

2. 额具 2 个锐齿，前侧缘具 9 个齿，末齿向两侧刺突

3. 甲表面散有细小颗粒，分区明显，胃区和鳃区各具 1 对横行的颗粒隆线

4. 螯足掌节不十分肿胀，呈菱形，有隆脊

（引自浙江动物志委员会，1991）

3. 同种异名

无。

4. 俗名

梭子蟹、枪蟹、白蟹、膏蟹、蓝蟹（北方），蟳（南方）。

5. 形态特征

头胸甲呈梭形，甲宽约为甲长的 2 倍，稍隆起，表面具分散的颗粒，鳃区的颗粒较粗，胃区、鳃区各具 1 对横行的颗粒隆线。胃区有 1 个、心区有 2 个疣状凸起十分明显，故定名。前侧缘连外眼窝齿在内共有 9 个齿，末齿最大，向两侧刺出。螯足粗壮，长节呈棱柱形，前缘具有 4 枚锐棘，雄性个体的掌节比较长大。

6. 分布

该种为广温广盐性种，每年春夏季洄游至近岸水域产卵繁殖，秋冬季群体自北向南、自沿岸浅水区向外侧深水区做越冬洄游。我国沿海均有分布，以渤海、黄海、东海较多。

7. 渔业

该种是我国海洋蟹类重点捕捞对象之一，主要捕捞方式为拖网、流刺网和蟹笼作业，主要渔期为 9—12 月。渔业统计中的"梭子蟹"是三疣梭子蟹、远海梭子蟹、红星梭子蟹和拥剑梭子蟹等种类的统称。2014—2016 年海洋捕捞梭子蟹的渔业统计年产量为 54.21 万～57.80 万 t，见表 2-6。

表 2-6　2014—2016 年各地区梭子蟹海洋捕捞与养殖统计产量（t）

地区	2014 年		2015 年		2016 年	
	捕捞	养殖	捕捞	养殖	捕捞	养殖
辽宁	35 545	1 755	28 680	1 472	23 901	4 400
河北	7 851	2 768	9 481	2 713	10 272	2 564
天津	231		262		263	
山东	33 343	27 540	29 251	24 285	27 037	23 774
江苏	96 938	31 446	96 979	31 723	95 761	32 731
上海	9 361		5 074		8 228	

（续）

地区	2014 年		2015 年		2016 年	
	捕捞	养殖	捕捞	养殖	捕捞	养殖
浙江	209 937	18 855	184 699	18 053	189 541	19 863
福建	98 092	30 177	101 743	31 917	100 295	32 831
广东	44 472	6 205	44 541	7 609	44 517	9 154
广西	30 779		31 417		31 571	
海南	11 445	90	10 210		10 684	
全国	577 994	118 836	542 337	117 772	542 070	125 317

同时，三疣梭子蟹也是我国海水养殖蟹类的主要品种之一，主要养殖方式为池塘、滩涂围栏和笼式。2014—2016 年渔业统计的养殖产量见表 2－6。

8. 养殖与野生鉴别

难以分辨。

9. 可捕标准

（1）行业标准：暂无。

（2）海区标准：渤海区可捕标准为头胸甲长≥80 mm。

（3）地方标准：浙江省可捕标准为体重≥125 g，或头胸甲长≥60 mm。

10. 幼鱼比例检查建议

幼鱼比例执法检查时，建议暂先采用浙江省地方标准在当地执行。即幼体比例不得超过同种类渔获量的 20％，航次幼体合计比例不得超过航次总渔获量的 25％。

六、锯缘青蟹

1. 学名

锯缘青蟹 *Scylla serrata*（Forsskål，1775），见图 2－13。

2. 识别要点

锯缘青蟹的识别要点见图 2－14。

图 2-13 锯缘青蟹

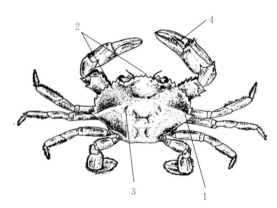

图 2-14 锯缘青蟹的识别要点

1. 头胸甲稍宽，呈横六边形或横菱形 2. 额具 4 个齿，前侧缘具 9 个齿

3. 甲面光滑，分区不显著 4. 螯足掌节肿胀，光滑

（引自浙江动物志委员会，1991）

3. 同种异名

拟穴青蟹。

4. 俗名

青蟹、水蟹、红蝟，红膏蟹（福建南部）。

5. 形态特征

头胸甲稍宽，背面隆起而光滑，呈青绿色。胃区和心区间有明显的"H"形凹痕，心区为六角形。胃区具一微细而中断的横行颗粒线，鳃区也有 1 条。前额具 4 个突出的三角形齿。胸甲前侧缘有 9 个等大的三角形齿，末齿不远大于其他各齿。螯足掌节肿胀、光滑、不具锋锐的隆脊，不对称。前 3 对步足指节的前、后缘具刷状短毛，第 4 对步足的前节与指节扁平，呈桨状，善于游泳。

6. 分布

我国从长江口至广西壮族自治区及台湾沿海均有分布。

7. 渔业

该种是我国中南部沿海海洋捕捞和海水养殖的主要对象之一。2014—2016 年我国锯缘青蟹的海洋捕捞年产量为 8.38 万～9.13 万 t，海水养殖年产量为 14.07 万～14.90 万 t，见表 2－7。

表 2－7　2014—2016 年各地区锯缘青蟹海洋捕捞与养殖统计产量（t）

地区	2014 年		2015 年		2016 年	
	捕捞	养殖	捕捞	养殖	捕捞	养殖
辽宁	7 097		3 594		5 609	
河北	455		15		10	
天津	150					
山东	252		133		316	
江苏	1 960	2 099	1 936	1 968	1 949	1 990
上海						
浙江	4 309	27 363	4 067	26 563	4 922	26 549
福建	13 385	30 667	16 802	32 335	17 085	35 093
广东	26 716	48 270	27 382	47 421	29 582	51 664
广西	11 190	15 729	11 508	16 730	11 639	17 394
海南	18 363	16 610	18 329	16 023	20 204	16 287
全国	83 877	140 738	83 766	141 040	91 316	148 977

8. 养殖与野生鉴别

（1）养殖青蟹嘴内可以嗅到淤泥味。

（2）养殖青蟹鳃一般呈黑色。

9. 可捕标准

（1）行业标准：暂无。

（2）海区标准：暂无。

（3）地方标准：暂无。

第三章

头 足 类

一、乌贼

"乌贼"是乌贼目种类的统称。其中,金乌贼、日本无针乌贼、罗氏乌贼和神户乌贼等是黄海、东海的优势种,虎斑乌贼、白斑乌贼、金乌贼和拟目乌贼等为闽南沿海至南海的优势种。本部分主要介绍金乌贼、虎斑乌贼和日本无针乌贼3种。

(一) 金乌贼

1. 学名

金乌贼 *Sepia esculenta*(Hoyle,1855),见图3-1。

图3-1 金乌贼

2. 识别要点

金乌贼的识别要点见图 3 - 2。

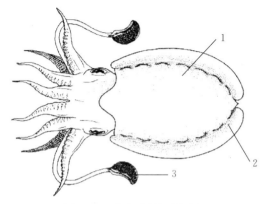

图 3 - 2 金乌贼的识别要点

1. 体金黄色，雄性背部有较粗的白色横纹，间杂极密的细点斑，雌性横纹不明显
2. 鳍周生，相对较宽，两鳍后端分离，基部各具一白线和 6～7 个膜质肉突
3. 触腕穗半月形，吸盘微小，12 列，大小相当，内具钝齿

（引自 Roper 等，1984）

3. 同种异名

真乌贼。

4. 俗名

乌鱼、墨鱼、乌子（山东），乌贼、海螵蛸（浙江），针墨鱼（广东）。

5. 形态特征

雄性胴背具较粗的横条纹，间杂有致密的细点斑，雌性胴背的横条纹不明显，或仅偏向两侧，或仅具致密的细点斑。肉鳍较宽，最大宽度为胴宽的 1/4。无柄腕吸盘的大小相近，角质环具钝齿。雄性左侧第四腕茎化，该腕中部吸盘骤然变小并稀疏。触腕穗半月形，约为全腕长度的 1/5，吸盘 12 列左右，大小相近，角质环具钝齿。内壳背面具同心环状排列的石灰质颗粒，腹面横纹略呈单峰型，峰顶略尖，中央有一纵沟，内壳尾部骨针粗壮。

6. 分布

我国渤海、黄海、东海和南海均有分布。

7. 渔业

该种是我国沿近海捕捞中乌贼类的主要优势种，主要捕捞渔具为乌贼笼和拖网。东海区的主要渔期为秋、冬季。

8. 养殖与野生鉴别

该种已有人工繁育技术，养殖规模较小。

9. 可捕标准

（1）行业标准：暂无。

（2）海区标准：暂无。

（3）地方标准：暂无。

（二）虎斑乌贼

1. 学名

虎斑乌贼 *Sepia pharaonis*（Ehrenberg，1831），见图 3-3。

图 3-3　虎斑乌贼

2. 识别要点

虎斑乌贼的识别要点见图 3-4。

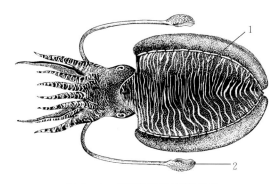

图 3 - 4　虎斑乌贼的识别要点

1. 胴部背面直至头部和腕部背面具"虎斑"　2. 触腕穗吸盘 8 列，第三至
四列 5～6 个吸盘十分扩大，其角质环不具齿，小吸盘角质环具尖齿

(引自 Roper 等，1984)

3. 同种异名

无。

4. 俗名

花旗、花西（福建、广东），墨姆（广东）。

5. 形态特征

雄体的胴部背面直至头部和腕部背面具"虎斑"，雌体的胴部背面也具"虎斑"，但偏向两侧，也较稀疏，胴背外缘点斑明显。肉鳍较宽，但最大宽度略小于胴宽的 1/4。无柄腕吸盘 4 列，大小相近，角质环不具齿。雄性左侧第四腕茎化，该腕中部的吸盘骤然变小并稀疏。触腕穗镰刀形，约为全腕长度的 1/6，吸盘 8 列，第三至四列 5～6 个吸盘十分扩大，其角质环不具齿，小吸盘具尖齿。内壳背面具同心环排列的石灰质颗粒，腹面的横纹面略呈倒"V"字形，中央有一浅沟。内壳骨针短尖，向背部弯曲。

6. 分布

我国东海南部至南海有分布。

7. 渔业

该种是闽南沿海至南海拖网作业渔获物中乌贼类的主要优势种之一。

8. 养殖与野生鉴别

该种已有人工繁育技术，养殖规模较小。

9. 可捕标准

（1）行业标准：暂无。

（2）海区标准：暂无。

（3）地方标准：暂无。

（三）日本无针乌贼

1. 学名

日本无针乌贼 *Sepiella japonica*（Sasaki，1929），见图 3 - 5。

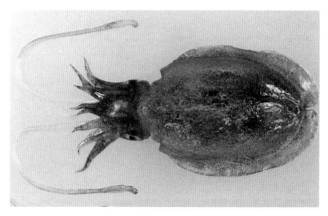

图 3 - 5　日本无针乌贼

2. 识别要点

日本无针乌贼的识别要点见图 3 - 6。

3. 同种异名

曼氏无针乌贼 *Sepiella maindroni*（De Rochebrune，1884）。

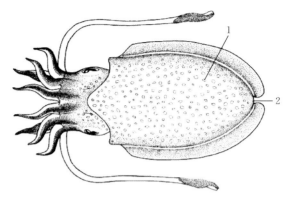

图 3-6　日本无针乌贼的识别要点

1. 外套膜灰褐色，背部具白色斑点，腹侧颜色稍暗淡，通常为
棕红色，肉鳍基部具一银色线条　2. 内壳的后端不具骨针

（引自 Roper 等，1984）

4. 俗名

乌贼、墨鱼、目鱼（浙江），麻乌贼、花拉子、乌鱼、墨鱼
（山东），血墨（广东），臭屁股（福建）。

5. 形态特征

胴背具有很多近椭圆形的白花斑，雄性的白花斑大小相间，
雌性的白花斑较小，大小相近。肉鳍前狭后宽。无柄腕吸盘大小
相近，角质环具尖齿或呈短栅状。雄性左侧第四腕茎化，该腕基
部的吸盘骤然变小并稀疏。触腕穗狭柄形，吸盘20行，小而密。
内壳椭圆形，外圆锥体后端特别宽大，具稀疏的细纹。壳的背面
具同心环排列的石灰质颗粒，中央具1条明显的纵肋，腹面的横
纹面略呈椭圆形。内壳的后端不具骨针，而在胴腹后端有1个皮
质腺性质的腺孔，生殖时有近红色的浓液从此孔流出。

6. 分布

我国沿海均有分布，渔场主要分布在浙北、浙南和闽东近
海。历史上该种类为浙江、福建的重要捕捞对象，是东海区的

"四大渔产"之一，20 世纪 90 年代以来，其资源急剧衰退。

7. 渔业

近年来海洋捕捞渔获物中已难觅见其踪迹。主要捕捞渔具为拖网和墨鱼笼。我国已突破日本无针乌贼的人工繁殖技术，并进行了多年的增殖放流。

8. 养殖与野生鉴别

该种目前无人工养殖。

9. 可捕标准

（1）行业标准：暂无。

（2）海区标准：暂无。

（3）地方标准：暂无。

（四）乌贼渔业产量

2014—2016 年乌贼全国海洋捕捞年产量为 13.7 万～14.8 万 t，见表 3 - 1。

表 3 - 1　2014—2016 年各地区乌贼海洋捕捞统计产量（t）

地区	2014 年	2015 年	2016 年
辽宁	5 101	13 246	5 558
河北	1 396	1 391	1 519
天津	26	30	30
山东	9 939	10 584	9 837
江苏	2 200	2 231	2 115
上海	19	20	27
浙江	26 468	28 676	32 653
福建	35 098	34 636	34 726
广东	20 218	19 125	18 965
广西	17 863	18 230	17 807
海南	18 883	19 478	19 520
全国	137 211	147 647	142 757

二、鱿鱼

渔业统计中的"鱿鱼"是枪形目种类的统称。历史上，我国以捕捞中国枪乌贼和沿岸中、小型的杜氏枪乌贼、日本枪乌贼及火枪乌贼等为主。近年来，中国枪乌贼、太平洋褶柔鱼、剑尖枪乌贼已成为我国大陆架海洋捕捞鱿鱼的主要优势种。

（一）太平洋褶柔鱼

1. 学名

太平洋褶柔鱼 *Todarodes pacificus*（Steenstrup，1880），见图 3-7。

图 3-7 太平洋褶柔鱼

2. 识别要点

太平洋褶柔鱼的识别要点见图 3-8。

3. 同种异名

太平洋丛柔鱼、太平洋斯氏柔鱼、太平洋柔鱼。

4. 俗名

东洋鱿（山东），北鱿（台湾），日本鱿（广东），褶柔鱼。

5. 形态特征

眼眶外不具膜。胴部圆锥形，胴长约为胴宽的 5 倍。胴背中央的黑褐色宽带延伸到肉鳍后端。两鳍略呈横菱形，鳍长度约为

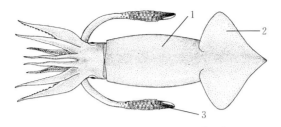

图 3-8　太平洋褶柔鱼的识别要点

1. 沿外套膜中线有 1 条黑褐色宽条纹　2. 肉鳍箭头形，长度为外套膜的 1/3

3. 触腕穗吸盘 4 列，中间 2 列大，大吸盘内角质环具相间排列的尖齿与

半圆形齿，小吸盘内具尖齿

（引自 Roper 等，1984）

胴长的 1/3。触腕穗吸盘 4 列，中间 2 列大，大吸盘内角质环具相间排列的尖齿与半圆形齿。第三对腕甚侧扁。内壳角质，狭条形，具中空的狭菱形尾椎。

6. 分布

我国黄海、东海和南海均有分布。

7. 渔业

该种是黄海和东海拖网头足类渔获的优势种，主要渔场在黄海中北部和东海北部，主要渔期为秋、冬季，而长江口渔场的索饵群有些年份在 5—7 月渔发。主要捕捞渔具为拖网。

8. 养殖与野生鉴别

该种目前无养殖。

9. 可捕标准

（1）行业标准：暂无。

（2）海区标准：暂无。

（3）地方标准：暂无。

（二）剑尖枪乌贼

1. 学名

剑尖枪乌贼 *Uroteuthis edulis*（Hoyle，1885），见图 3-9。

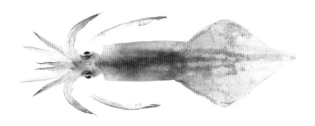

图 3 - 9　剑尖枪乌贼

2. 识别要点

剑尖枪乌贼的识别要点见图 3 - 10。

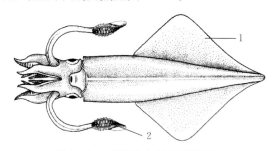

图 3 - 10　剑尖枪乌贼的识别要点

1. 肉鳍菱形，后缘内凹，鳍较长，为外套膜的 60%～70%

2. 触腕穗吸盘 4 列，中间约 16 个吸盘扩大，大吸盘内角质环具 30～40
个大小相间圆锥形的尖齿，10 个大齿之间分布 20～30 个小尖齿
（引自 Roper 等，1984）

3. 同种异名

无。

4. 俗名

剑端锁管、透抽（台湾），拖鱿鱼（广东）。

5. 形态特征

眼眶外具膜。胴体圆锥形，后部削直。鳍略呈纵菱形，后缘
略凹，长约为胴长的 60%～70%。触腕穗膨大，吸盘 4 列，掌
部中间列约有 16 个吸盘扩大，大吸盘内角质环具 30～40 个大小

相间的圆锥形尖齿。腕吸盘 2 列，吸盘内角质环远端 2/3 具 8～11 个长板齿，近端 1/3 齿退化或光滑。内壳角质，羽状。

6. 分布

我国黄海、东海和南海均有分布。

7. 渔业

该种是东海和南海拖网、灯光敷网头足类渔获中的优势种。东海主要渔场在大陆驾外侧海区，主汛期为夏、秋季。近两年，它在南海跃居为第一优势种，主要渔场有北部湾中部（汛期为春、夏季）、海南岛南部至珠江口外 60～200 m 水深海区（汛期为春、夏、秋季）、台湾浅滩（汛期为春、夏季）。

8. 养殖与野生鉴别

该种目前无人工养殖。

9. 可捕标准

（1）行业标准：暂无。

（2）海区标准：暂无。

（3）地方标准：暂无。

（三）中国枪乌贼

1. 学名

中国枪乌贼 *Uroteuthis chinensis*（Gray，1849），见图 3 - 11。

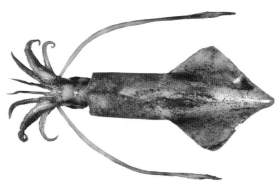

图 3 - 11　中国枪乌贼

2. 识别要点

中国枪乌贼的识别要点见图 3 - 12。

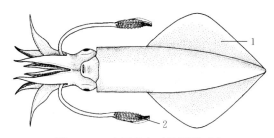

图 3 - 12　中国枪乌贼的识别要点

1. 鳍甚长，约为胴长的 2/3，鳍相接，略呈纵菱形

2. 触腕穗吸盘 4 列，中间约 12 个吸盘扩大，大吸盘内角质环具 20～30 个
　大小相间的尖齿，大齿 6～12 个，每两个大齿之间分布 1～4 个小齿

（引自 Roper 等，1984）

3. 同种异名

无。

4. 俗名

本港鱿鱼（福建），台湾锁管（台湾），中国鱿鱼、拖鱿鱼、长筒鱿（广东）。

5. 形态特征

眼眶外具膜。胴体圆锥形，细长，后部削直，胴长约为胴宽的 7 倍，体表具大小相间的近圆形色素斑。鳍甚长，约为胴长的 2/3，鳍相接，略呈纵菱形。触腕穗膨大，吸盘 4 列，掌部中间 2 列吸盘扩大，大吸盘内角质环具 20～30 大小相间的尖齿。第二和第三腕吸盘 2 列，吸盘内角质环远端具 10～15 个尖齿，近端齿退化或光滑。内壳角质，羽状。

6. 分布

我国东海南部至南海有分布。

7. 渔业

该种为闽南近海至南海头足类的主要优势种之一，近两年它在南海已退居为第二优势种。有春、夏、秋 3 个汛期，主要渔场为台湾浅滩和北部湾北部 2 处。主要捕捞渔具为拖网、灯光敷网和钓。

8. 养殖与野生鉴别

该种目前无人工养殖。

9. 可捕标准

（1）行业标准：暂无。

（2）海区标准：暂无。

（3）地方标准：暂无。

（四）杜氏枪乌贼

1. 学名

杜氏枪乌贼 *Uroteuthis duvauceli*（D'Orbigny，1835），见图 3 - 13。

图 3 - 13　杜氏枪乌贼

2. 识别要点

杜氏枪乌贼的识别要点见图 3 - 14。

3. 同种异名

无。

4. 俗名

透抽、小锁管。

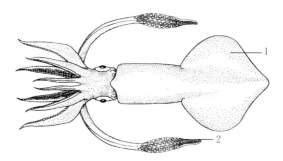

图 3-14　杜氏枪乌贼的识别要点

1. 鳍菱形，约为胴长的 1/2　2. 触腕穗吸盘 4 列，中间 2 列略大，大吸盘
内角质环具 14～17 个大小不等的尖齿，小吸盘内角质环具大小相近的尖齿

（引自 Roper 等，1984）

5. 形态特征

眼眶外具膜。胴体圆锥形，后部削直，胴长约为胴宽的 4 倍，体表具大小相间的近圆形色素斑。鳍菱形，约为胴长的 1/2。触腕穗吸盘 4 列，掌部中间 2 列吸盘略大，大吸盘内角质环具 14～17 大小不等的尖齿，呈大 3 小 2 或大 2 小 2 混杂式排列。腕吸盘 2 列，吸盘内角质环具矩形齿 9～11 个，基部 1 个特别宽大。内壳披针叶形。

6. 分布

主要分布于我国东海南部和南海。

7. 渔业

该种为闽东至南海沿岸头足类的优势种之一，主要捕捞渔具为灯光敷网、钓、拖网和定置网等。

8. 养殖与野生鉴别

该种目前无人工养殖。

9. 可捕标准

（1）行业标准：暂无。

（2）海区标准：暂无。

（3）地方标准：暂无。

（五）鱿鱼渔业产量

近年来我国鱿鱼的海洋捕捞产量相对较为稳定，2014—2016年其年产量保持在 37.5 万～38.9 万 t，见表 3 - 2。

表 3 - 2　2014—2016 年各地区鱿鱼海洋捕捞统计产量（t）

地区	2014 年	2015 年	2016 年
辽宁	30 343	33 065	33 147
河北	1 646	1 433	1 714
天津	1 614	408	185
山东	79 506	72 824	75 757
江苏	8 141	8 474	8 550
上海	62	68	58
浙江	83 412	84 044	88 180
福建	59 391	61 627	62 751
广东	31 564	33 503	31 314
广西	25 039	25 703	25 226
海南	54 009	58 956	61 752
全国	374 727	380 105	388 634

三、章鱼

渔业统计中的"章鱼"是八腕目蛸科种类的统称，主要包括短蛸、长蛸、真蛸和条纹蛸等。

（一）短蛸

1. 学名

短蛸 *Octopus ocellatus*（Gray，1849），见图 3 - 15。

2. 识别要点

短蛸的识别要点见图 3 - 16。

图 3 - 15　短　蛸

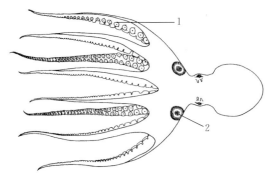

图 3 - 16　短蛸的识别要点

1. 短腕型，腕长约为胴长的 4～5 倍，各腕长度相近，腕吸盘 2 行

2. 第二对和第三对腕之间，各生有 1 个近椭圆形的大金圈，圈径与眼径相近

（引自 Roper 等，1984）

3. 同种异名

无。

4. 俗名

饭蛸、坐蛸、短腿蛸、小蛸（山东），望潮（浙江），短爪章、四眼鸟（广东）。

5. 形态特征

胴部卵圆形。体表具很多近圆形颗粒。在眼的前方，位于第二对和第三对腕之间，各生有 1 个近椭圆形的大金圈，圈径与眼径相近，背面两眼间生有一个明显的近纺锤形的浅色斑。短腕型，腕长约为胴长的 4～5 倍，各腕长度相近，腕吸盘 2 行。

6. 分布

我国渤海、黄海、东海和南海均有分布。

7. 渔业

该种为我国北方沿岸蛸类中最重要的经济种，也是东海的常见种。主要捕捞渔具有章鱼壶、章鱼笼、蟹笼、蛸钓和桁杆拖虾网等。

8. 养殖与野生鉴别

该种目前无人工养殖。

9. 可捕标准

（1）行业标准：暂无。

（2）海区标准：暂无。

（3）地方标准：暂无。

（二）长蛸

1. 学名

长蛸 *Octopus variabilis*（Sasaki，1929），见图 3 - 17。

图 3 - 17　长　蛸

2. 识别要点

长蛸的识别要点见图 3 - 18。

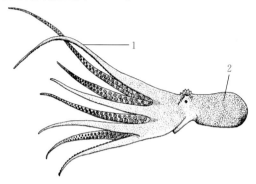

图 3 - 18　长蛸的识别要点

1. 腕长，约为胴长的 7～8 倍，各腕长不等，腕式 1＞2＞3＞4
2. 体表光滑，具极细的色素斑

（引自 Roper 等，1984）

3. 同种异名

无。

4. 俗名

马蛸、长腿蛸、大蛸（山东），章拒、石拒（浙江），长爪章、水鬼（广东）。

5. 形态特征

胴体长卵形，胴长约为胴宽的 2 倍，体松软。体表光滑，具极细的色素斑。腕长，约为胴长的 7～8 倍，各腕长不等，腕式 1＞2＞3＞4，吸盘 2 列。第一对腕最长最粗，其腕径约为第三腕和第四腕长的 2 倍，腕间膜甚浅。雄性具扩大的吸盘。

6. 分布

我国渤海、黄海、东海和南海均有分布。

7. 渔业

该种为我国北方沿岸蛸类中的次要经济种，是东海的常见种。主要捕捞渔具有章鱼壶、章鱼笼、蟹笼、蛸钓和桁杆拖虾网等。

8. 养殖与野生鉴别

该种目前无人工养殖。

9. 可捕标准

（1）行业标准：暂无。

（2）海区标准：暂无。

（3）地方标准：暂无。

（三）真蛸

1. 学名

真蛸 *Octopus vulgaris*（Cuvier，1797），见图 3 - 19。

图 3 - 19　真　蛸

2. 识别要点

真蛸的识别要点见图 3 - 20。

3. 同种异名

无。

4. 俗名

母猪章、章鱼（广东）。

图 3 - 20　真蛸的识别要点

1. 体表光滑，具极细的色素斑，背部具一些明显的白斑点

2. 腕短，腕长约为胴长的 5～6 倍，腕粗壮，各腕长相近

（引自 Roper 等，1984）

5. 形态特征

体卵圆形，稍长，体表光滑，具极细的色素斑，背部具一些明显的白斑点。腕短，腕长约为胴长的 5～6 倍，腕粗壮，各腕长相近，背腕略短，腕吸盘 2 列。

6. 分布

我国渤海、黄海、东海和南海均有分布。

7. 渔业

该种为中国南方的经济种，它的干制品在广东被列为海味佳品。主要捕捞渔具有章鱼壶、章鱼笼、蟹笼、蛸钓和桁杆拖虾网等。

8. 养殖与野生鉴别

该种目前无人工养殖。

9. 可捕标准

（1）行业标准：暂无。

（2）海区标准：暂无。

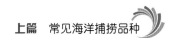

（3）地方标准：暂无。

（四）章鱼渔业产量

近年来，章鱼的海洋捕捞产量相对较为稳定，2014—2016年其年产量保持在 12.1 万～13.7 万 t，见表 3 - 3。

表 3 - 3　2014—2016 年各地区章鱼海洋捕捞统计产量（t）

地区	2014 年	2015 年	2016 年
辽宁	6 772	7 461	7 469
河北	6 751	7 068	6 002
天津	106	122	114
山东	25 189	32 485	32 798
江苏	4 284	4 351	4 324
上海	23	27	22
浙江	31 737	32 306	38 977
福建	16 167	17 289	17 624
广东	16 044	15 068	14 858
广西	7 347	7 138	7 432
海南	6 932	6 930	7 489
全国	121 352	130 245	137 109

常见海洋保护品种

第四章

鱼　　类

一、鲸鲨

1. 学名

鲸鲨 *Rhincodon typus*（Smith，1828），见图 4 - 1。

图 4 - 1　鲸　鲨

（引自戴小杰等，2007）

2. 识别要点

鲸鲨的识别要点见图 4 - 2。

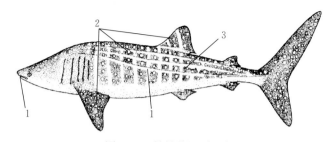

图 4-2 鲸鲨的识别要点

1. 体庞大，口巨大，前位，体侧自头部至尾柄具多条皮脊
2. 体背、体侧上部、胸鳍背面和第一背鳍呈灰褐色
至赤色或茶褐色，并散布许多白色或黄色斑点
3. 体侧自头后部至尾柄具白色或黄色横纹约30条，
横纹被皮脊隔断，横纹间各有斑点1行

3. 同种异名

鲸鲛。

4. 俗名

豆腐鲨、大憨鲨。

5. 形态特征

上下颌具唇褶。鼻孔位于吻部两侧。眼小，圆形。喷水孔小。齿细小而多，圆锥形。鳃裂5对，最后3对鳃裂位于胸鳍基底上方。鳃弓具角质鳃耙，交叉结成海绵状过滤器。背鳍2个：第一背鳍较大，起点距吻部比距尾端远，基底后部与腹鳍基底后部相对；第二背鳍很小，距尾基比距腹鳍基底近，起点稍前于臀鳍起点，与第一背鳍形状相同。胸鳍宽大，呈镰形。尾鳍叉形，尾椎轴显著上翘，上尾叉长是下尾叉的2倍。尾柄自臀鳍前面上方至尾基上方具一显著侧突。体背、体侧上部、胸鳍背面和第一背鳍呈灰褐色至赤色或茶褐色，并散布许多白色或黄色斑点。体侧自头后部至尾柄具白色或黄色横纹约30条，横纹被皮脊隔断，横纹间各有斑点1行。尾鳍上下缘各有斑点一至数行。

6. 分布

我国渤海、黄海、东海和南海均有分布。

7. 渔业及资源状况

常被近海拖网和张网捕获，偶尔也会被围网捕获。资源已严重衰退。

8. 保护等级

被列入《濒危野生动植物种国际贸易公约（CITES）》附录Ⅱ保护名录。

二、姥鲨

1. 学名

姥鲨 *Cetorhinus maximus*（Gunnerus，1765），见图4-3。

图4-3　姥　鲨

（引自戴小杰等，2007）

2. 识别要点

姥鲨的识别要点见图4-4。

3. 同种异名

象鲛。

4. 俗名

象鲨。

5. 形态特征

体纺锤形，中部最粗壮。吻很短，圆锥形。眼小，圆形。喷

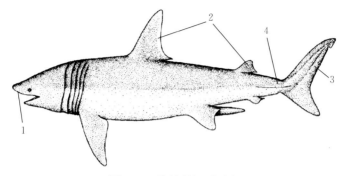

图 4 - 4　姥鲨的识别要点

1. 吻很短，圆锥形

2. 背鳍 2 个：第一背鳍大，呈等边三角形；第二背鳍较小，位较后

3. 尾鳍叉形，尾椎轴上翘，上尾叉较长，近端有一缺刻，下尾叉较短

4. 尾柄每侧具有侧突，尾鳍基上下方各具一凹洼

水孔细小，位于眼后。鼻孔小，横平，近吻侧，距口比距吻端近。口很宽大，广弧形。下唇褶短小，上唇褶不发达。齿小而多，盾形，边缘光滑，齿头向后，无侧齿头。鳃弓具密列的角质细长鳃耙。鳃孔 5 个，很宽，从背上侧伸达腹面喉部，最后一个位于胸鳍基底前方。背鳍 2 个：第一背鳍大，呈等边三角形，位于胸鳍和腹鳍中间上方，靠近腹鳍；第二背鳍较小，位较后。胸鳍镰形，腹鳍位于背鳍间隔下方。尾鳍叉形，尾椎轴上翘，上尾叉较长，近端有一缺刻，下尾叉较短。尾柄每侧具有侧突，尾鳍基上下方各具一凹洼。体灰褐色，腹部白色。

6. 分布

我国黄海、东海至台湾东北海域有分布。

7. 渔业及资源状况

常被近海拖网和张网捕获。资源已严重衰退。

8. 保护等级

被列入《濒危野生动植物种国际贸易公约（CITES）》附录

Ⅱ保护名录。

三、中华鲟

1. 学名

中华鲟 *Acipenser sinensis*（Gray，1835），见图 4 - 5。

图 4 - 5　中华鲟

（引自赵盛龙等，2009）

2. 识别要点

中华鲟的识别要点见图 4 - 6。

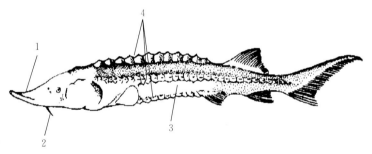

图 4 - 6　中华鲟的识别要点

1. 头大而扁，吻长而尖，呈长三角形

2. 口下位，吻腹面有须 2 对　3. 皮肤裸露，光滑

4. 背骨板 10～16 枚，左右背侧骨板 26～42 枚，左右腹板 8～17 枚

3. 同种异名

无。

4. 俗名

鲟鱼、鳇鱼、大癞子、黄鲟、着甲。

5. 形态特征

体长形，两端尖细，背部狭，腹部平直。头呈长三角形。吻尖长。鼻孔大，两鼻孔位于眼前方。喷水孔裂缝状。眼小，椭圆形，位于头后半部。眼间隔宽。口下位，横裂，凸出，能伸缩。唇不发达，有细小乳突。口吻部中央有2对须，呈弓形排列，其长短于须基距口前缘的1/2，外侧须不达口角。鳃裂大，假鳃发达。鳃耙稀疏，短粗棒状。背鳍1个，后位，后缘凹形，起点在臀鳍之前。臀鳍与背鳍相对，在背鳍中部下方。腹鳍小，长方形，位于体中央后下方，近于臀鳍。胸鳍发达，椭圆形，位低。尾鳍歪形，上叶特别发达，尾鳍上缘有1纵行棘状鳞。体色在侧骨板以上为青灰、灰褐或灰黄色，侧骨板以下逐步由浅灰过渡到黄白色，腹部为乳白色。

6. 分布

溯河产卵洄游性鱼类。我国渤海、黄海、东海和南海均有分布，长江干流金沙江以下至入海河口，其他水系如赣江、湘江、闽江、钱塘江和珠江水系均偶有出现，以长江为多。

7. 渔业及资源状况

偶有误捕。野生资源岌岌可危，有灭绝风险。

8. 保护等级

被列入《濒危野生动植物种国际贸易公约（CITES）》附录Ⅱ保护名录。

国际一级重点保护野生动物。

四、黄唇鱼

1. 学名

黄唇鱼 *Bahaba flavolabiata* (Lin，1935)，见图4-7。

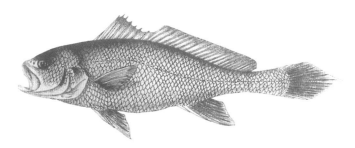

图 4 - 7　黄唇鱼

（引自赵盛龙等，2009）

2. 识别要点

黄唇鱼的识别要点见图 4 - 8。

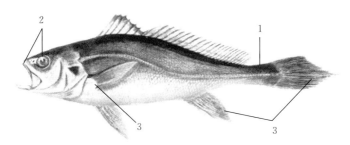

图 4 - 8　黄唇鱼的识别要点

1. 头被圆鳞，体被银圆般栉鳞，尾柄细长

2. 吻突出；眼似铜铃，上侧位；口端位，斜裂；齿细小，上颌外行齿和下颌内行齿扩大

3. 胸鳍腋下有一黑斑，臀鳍第二鳍棘粗长，尾鳍楔形

（引自《中国名贵珍稀水生动物》编写组，1987）

3. 同种异名

无。

4. 俗名

金钱鮸、鳘。

5. 形态特征

体延长，侧扁，尾柄细长。吻突出，吻褶边缘完整，不分叶，有 5 个吻孔。口端位，口裂倾斜。口张时下颌突出，上颌外行齿和下颌内行齿扩大，尖锥形。头被圆鳞，体被栉鳞。背鳍长，鳍棘部和鳍条部之间有一深凹，背鳍有 8 枚鳍棘、22～25 枚鳍条。臀鳍短，具 2 枚鳍棘，第二鳍棘粗长。体背侧棕灰带橙黄色，腹侧灰白色。胸鳍腋下有一黑斑，背鳍鳍棘部和鳍条部边缘黑色，尾鳍灰黑色，腹鳍和臀鳍浅色。

6. 分布

我国特有种，分布于东海和南海。

7. 渔业及资源状况

拖网和延绳钓偶有兼捕。资源严重衰退。

8. 保护等级

国家二级保护动物。

第五章

鲸　豚　类

一、小须鲸

1. 学名

小须鲸 *Balaenoptera acutorostrata*（Lacepède，1804），见图 5-1。

图 5-1　小须鲸

(引自王丕烈，2012)

2. 识别要点

小须鲸的识别要点见图 5-2。

图 5-2　小须鲸的识别要点

1. 体短粗，头部较小，正面观如等腰三角形　2. 背鳍高

3. 鳍肢外侧中央部分有 1 条很鲜明的白色横带，通常为鳍长的 1/3

(引自王丕烈，2012)

3. 同种异名

无。

4. 俗名

小鳁鲸、明克鲸、尖嘴鲸。

5. 形态特征

小须鲸体形短粗，体长为最大体围的 1.4～2.4 倍。头部较小，略小于体长的 1/4，正面观如等腰三角形。当嘴闭拢时下唇边缘高于上唇端。从背鳍和肛门往后至水平的尾鳍这一段上下形成尖锐的脊谷与"龙骨"。体背和体侧暗灰带浅蓝色或灰黑色，背部色浓，两侧渐淡。颌部、胸部和腹部乳白色。每侧各有鲸须 230～273 片，须板和须毛都呈黄白色。背鳍高，后端弯曲，位于体后 1/3 处。鳍肢小于体长的 1/5，鳍肢外侧中央部分有 1 条很鲜明的白色横带，通常为鳍长的 1/3，这是区别本种与其他有须鲸类的主要特征。

6. 分布

我国渤海、黄海、东海和南海均有分布。

7. 渔业及资源状况

历史上，北黄海曾经是我国的主要猎捕区。1980 年中国加入国际捕鲸委员会，同年终止了捕鲸。

8. 保护等级

被《2000IUCN 受威胁物种红色名录》列为低危（LR）等级。

《国家重点保护野生动物名录》我国二级保护动物。

被列入《濒危野生动植物种国际贸易公约（CITES)》附录 I 保护名录。

二、鳀鲸

1. 学名

鳀鲸 *Balaenoptera edeni*（Anderson，1878)，见图 5 - 3。

图 5-3 鳀 鲸

（引自王丕烈，2012）

2. 识别要点

鳀鲸的识别要点见图 5-4。

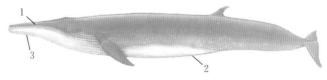

图 5-4 鳀鲸的识别要点

1. 中央嵴线两侧又各生有 1 条副嵴线 2. 由脐到生殖裂有 1 条褶沟
3. 头骨额鼻突修长，后端圆形，鼻骨长而宽

（引自王丕烈，2012）

3. 同种异名

无。

4. 俗名

小布氏鲸、拟鳁鲸、拟大须鲸。

5. 形态特征

鳀鲸身体细长，呈流线型，体躯前部较长，上颌前端至鳍肢前长度小于体长的 1/3。后部尾柄较高，背鳍较鳁鲸低矮，后缘凹进。鳍肢狭长而尖，略大于体长的 1/10，比其他种鲸小。由上颌前端至呼吸孔有 1 条不甚高的主嵴线，该中央嵴线两侧又各生有 1 条副嵴线，从吻端向后延伸至呼吸孔，这是本种的主要特征。腹部褶沟 42～54 条，中央最长达脐部，由脐到生殖裂另有

1 条褶沟，这是本种区别其他鲸类的又一主要特征。上颌两侧和下颌前端生有触毛。背部蓝黑色，腹部褶沟处白色，体侧和腹侧的后部为灰黑色，鳍肢和尾鳍外侧蓝灰色，内侧色淡。每侧各有鲸须 250～280 片。

6. 分布

我国黄海、东海和南海均有分布，靠近中国沿岸数量甚少，并不达黄海北部。

7. 渔业及资源状况

从 1980 年起停止商业性捕鲸。

8. 保护等级

《国家重点保护野生动物名录》我国二级保护动物。

被列入《濒危野生动植物种国际贸易公约（CITES）》附录 I 保护名录。

三、抹香鲸

1. 学名

抹香鲸 *Physeter macrocephalus*（Linnaeus，1758），见图 5 - 5。

图 5 - 5　抹香鲸

（引自王丕烈，2012）

2. 识别要点

抹香鲸的识别要点见图 5 - 6。

3. 同种异名

无。

图 5 - 6　抹香鲸的识别要点

1. 头部巨大，侧面看如方形　2. 无明显背鳍

（引自王丕烈，2012）

4. 俗名

巨头鲸。

5. 形态特征

抹香鲸为大型鲸种，头部巨大，侧面看如方形，头顶隆起向前突出，远超过下颌，最前端形成平坦陡直的前壁，往上在呼吸孔处呈圆形。呼吸孔 1 个。眼很小，位于口角斜上方。上颌齿退化。整个躯体如圆锥形，以眼和鳍肢之间最粗，向尾部渐细。体色多为蓝黑色或黑褐色，有些个体为灰色或灰褐色。无明显背鳍，仅为侧扁状隆起。鳍肢短宽，呈椭圆形。尾鳍宽大，为体长的 $1/4 \sim 1/3$。

6. 分布

抹香鲸主要栖息在热带及温带海域，我国黄海、东海和南海均有分布，且南部多于北部。

7. 渔业及资源状况

我国未曾商业性捕捞抹香鲸。

8. 保护等级

《国家重点保护野生动物名录》我国二级保护动物。

被列入《濒危野生动植物种国际贸易公约（CITES）》附录 I 保护名录。

被《2000IUCN 受威胁物种红色名录》列为易危（VU）等级。

四、中华白海豚

1. 学名

中华白海豚 *Sousa chinensis*（Osbeck，1765），见图 5 - 7。

图 5 - 7　中华白海豚

（引自王丕烈，2012）

2. 识别要点

中华白海豚的识别要点见图 5 - 8。

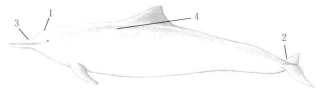

图 5 - 8　中华白海豚的识别要点

1. 额隆起明显　2. 尾鳍缺刻处两叶瓣重叠
3. 吻突较长，头与吻突间有明显界限
4. 成年个体全身粉红色，散布许多灰黑色斑点；老年个体全身乳白色；幼体背部蓝灰色
（引自王丕烈，2012）

3. 同种异名

无。

4. 俗名

华白豚、太平洋驼海豚、印太洋驼海豚、妈祖鱼，白鳍（台

湾）、白鳍（福建）、白牛（广西）。

5. 形态特征

吻突狭长而侧扁，下颌端超出上颌端，吻突与额隆之间有一道"V"形凹痕。背鳍略呈三角形，位于体背中间。鳍肢短而宽，尾柄高而侧扁，在肛门垂线后方，上下分别形成嵴和"龙骨"。成年个体全身粉红色或背部、腹部和尾部粉红色，老年个体全身乳白色。吻突背面、头部、体背、体侧、背鳍、鳍肢背面及尾鳍背面散布许多灰黑色斑点。幼体背部蓝灰色，体侧较淡，腹部灰白色，尾部银灰色。

6. 分布

中华白海豚为暖水性种类。我国广西、广东、香港、澳门、福建沿岸较多，浙江及台湾西部沿岸也有分布，喜在河口浅水水域活动，有时进入江河内，向北可达东海北部长江口，远至黄海北部的辽宁沿岸也偶有发现。

7. 渔业及资源状况

中华白海豚资源量不大，未进行过专业性猎捕。因其生息在浅海沿岸水域，较易受到人类活动和沿岸渔业生产的影响，渔网混获现象时有发生，偶有个体搁浅。

8. 保护等级

《国家重点保护野生动物名录》我国一级保护动物。

被列入《濒危野生动植物种国际贸易公约（CITES）》附录Ⅰ保护名录。

被《2000IUCN 受威胁物种红色名录》列为资料不足（DD）等级。

五、江豚

1. 学名

江豚 *Neophocaena phocaenoides*（Cuvier，1829），见图 5 - 9。

图 5 - 9　江　豚

（引自王丕烈，2012）

2. 识别要点

江豚的识别要点见图 5 - 10。

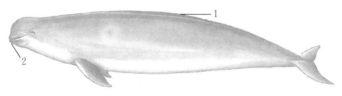

图 5 - 10　江豚的识别要点

1. 无背鳍，背部有棘状小结节和矮脊　2. 上颌不超过下颌

（引自王丕烈，2012）

3. 同种异名

无。

4. 俗名

江猪、海猪、海和尚、露脊鼠海豚。

5. 形态特征

头部钝圆，占体长的比例甚小，额隆稍向前凸出，无吻突，口裂较短阔。躯体中部最粗，无背鳍，但沿背脊中部往后为一隆起的矮嵴，延伸至尾鳍。鳍肢较宽大，末端尖，长约为体长的1/6。尾鳍较大，两尾叶横宽约为体长的1/4。全身铅灰色、深灰色或淡灰色，老龄者体色淡，几成灰白色或白色。

6. 分布

江豚为一种常见的近岸小型豚类，在我国分布范围广泛，南北沿海地区及长江中下游均有分布。

7. 渔业及资源状况

因江豚主要栖息于沿岸水域，因此常有个体为沿岸定置渔具混获，且以未成年个体居多。

8. 保护等级

《国家重点保护野生动物名录》我国一级保护动物。

被列入《濒危野生动植物种国际贸易公约（CITES）》附录Ⅰ保护名录。

被《2000IUCN 受威胁物种红色名录》列为易危（VD）等级。

六、瓶鼻海豚

1. 学名

瓶鼻海豚 *Tursiops truncatus*（Montagu，1821），见图 5 - 11。

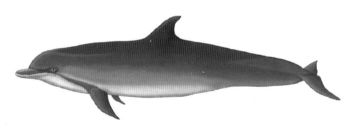

图 5 - 11　瓶鼻海豚

（引自王丕烈，2012）

2. 识别要点

瓶鼻海豚的识别要点见图 5 - 12。

3. 同种异名

无。

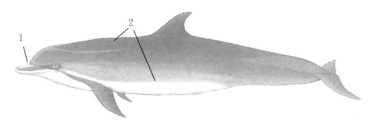

图 5-12 瓶鼻海豚的识别要点

1. 吻突较粗短，额隆稍凸，与吻突的界限分明　2. 体背部灰色，腹部色淡，无斑点

（引自王丕烈，2012）

4. 俗名

宽吻海豚、尖嘴海豚、大海豚。

5. 形态特征

身体为流线型，中部粗圆，从背鳍往后逐渐变细，吻突较粗短，额隆稍凸，与吻突的界限分明。背鳍位于体背的中部，梢端后倾，后缘凹曲。尾鳍后缘中央有缺刻。皮肤光滑无毛，背部、体侧、背鳍、鳍肢及尾鳍的上下面皆为灰黑色或暗灰色。呼吸孔至吻突基部有暗色带，由眼至吻突基部之间有 1 条黑色带，眼至鳍肢间也有 1 条稍宽的深色带。

6. 分布

我国渤海、黄海、东海、南海和台湾海峡均有分布。

7. 渔业及资源状况

开发利用历史较久，是水族馆常见的表演动物之一。海洋中，刺网渔业对其会造成极大威胁。

8. 保护等级

《国家重点保护野生动物名录》我国二级保护动物。

被列入《濒危野生动植物种国际贸易公约（CITES）》附录Ⅱ保护名录。

被《2000IUCN 受威胁物种红色名录》列为无危（LC）等级。

第六章

龟　类

一、蠵龟

1. 学名

蠵龟 *Caretta caretta*（Linnaeus，1758），见图 6-1。

图 6-1　蠵　龟

（自摄）

2. 识别要点

蠵龟的识别要点：①背甲后缘呈锯齿状；②幼体背甲具 3 条强棱，成体仅中央背棱明显；③幼体头背、背甲、四肢外侧均为

褐色，成体为棕红色，年龄愈大，颜色愈红。

3. 同种异名

无。

4. 俗名

红海龟、赤海龟、灵龟、灵蠵等。

5. 形态特征

幼体背甲具有 3 条强棱，成体仅中央背棱明显。颈盾 1 块；椎盾 5～6 块；肋盾每侧多为 5 块，偶见 4 块或 6 块；缘盾每侧 11～12 块；臀盾 1 对，接缝后缘具 V 字缺刻；背甲后缘呈锯齿状。腹甲小，中部稍凹入，前后缘呈外向圆弧形，前缘圆弧角度大，后缘圆弧角度小；每侧甲桥处有 3 块扩大的下缘盾；颐盾小，仅 1 块；无胯盾；有多块腋盾；肛盾 2 块。四肢扁平呈桨状，前肢大，后肢小，各具两爪。尾短小，几乎与臀盾后缘等齐。幼体头背、背甲、四肢外侧均为褐色，成体为棕红色，年龄愈大，颜色愈红；腹甲黄色或橙黄色。

6. 分布

广泛分布于大西洋、太平洋、印度洋的热带海域。我国辽宁、山东、江苏、浙江、福建、广东、广西、海南、台湾等地沿岸海域均有分布。

7. 渔业

常被近海拖网和张网捕获，偶尔也会被围网捕获。

8. 保护等级

国家一级保护动物。

二、海龟

1. 学名

海龟 *Chelonia mydas*（Linnaeus，1758），见图 6-2。

2. 识别要点

海龟的识别要点：①背甲边缘十分圆滑，盾片镶嵌排列；

图6-2 海 龟

(自摄)

②尾长，尾端包角质鞘；③上颌不具钩曲，下颌具锯齿状缺刻。

3. 同种异名

无。

4. 俗名

绿海龟。

5. 形态特征

吻圆短，上颌不具钩曲，下颌缘有锯齿状缺刻。头背有对称排列的大鳞，前额鳞1对。背甲呈心脏形，边缘十分圆滑，盾片镶嵌排列。梯形颈盾1块，椎盾5块，肋盾每侧4块，缘盾每侧11块，臀盾1对。腹甲较小，中间稍凹，喉盾前和肛盾后各有1块小盾片，且均外突，使腹甲前后缘呈圆弧状；腋盾有多块；胯盾仅1块；甲桥每侧具下缘盾4块。四肢扁平呈桨状，前肢长于后肢；内侧各具1爪，幼体有时具2爪；雄性前肢的爪大且弯曲呈钩状。尾长，尾端包角质鞘。3龄左右的幼龟头背及背甲为棕红色，5龄左右的幼龟头背、背甲及四肢外侧鳞片均为黑色，成年龟则均为橄榄色。腹甲白黄色，头的腹面、四肢内侧及裸露的皮肤均为灰白色。

6. 分布

分布于太平洋、大西洋、印度洋。我国北起山东省，南至广西沿岸海域及南海诸岛海域均有分布。

7. 渔业及资源状况

常被近海拖网和张网捕获，偶尔也会被围网捕获。

8. 保护等级

国家一级重点保护动物。

三、玳瑁

1. 学名

玳瑁 *Eretmochelys imbricata*（Linnaeus，1766），见图 6 - 3。

图 6 - 3　玳　瑁

（自摄）

2. 识别要点

玳瑁的识别要点：①背甲盾片呈覆瓦状排列，椎盾 5 块，肋盾 4 对，故俗称"十三鳞"；②鳞片为棕红色，具淡黄色云状斑及放射状花纹，具光泽，十分美丽。

3. 同种异名

无。

4. 俗名

十三鳞。

5. 形态特征

吻侧扁，上颌前端钩曲如鹰嘴。两颊宽大于头顶宽。头部背面具对称大鳞片，前额鳞 2 对。背甲呈心脏形，其盾片呈覆瓦状排列，老年个体趋于镶嵌状排列。椎盾 5 块，从第 2 块起中央有脊棱；肋盾 4 对；缘盾 11 对，缘盾从第 5 对起呈锯齿状，且愈向后愈明显；臀盾 1 对，其间有三角形的缝隙。腹甲小，甲桥处有下缘盾 4 对；腋盾 4～5 对，胯盾 1 对；在喉盾间有颐盾 1 块，它与腹甲前缘组成圆弧形；肛盾 1 对，其后缘斜截状，在肛盾最后处有 1 块小盾片。四肢桨状，前肢较长大，各具两爪；后肢较短小，各具一爪。尾短小，通常不露出背甲处。背甲、头顶及两侧的鳞片、四肢外侧的鳞片等均为棕红色，且具淡黄色云状斑及放射状花纹，具光泽，十分美丽；腹甲、头的腹面、四肢内侧及缘盾的腹面均为黄色；身体的软皮部分为白黄色。

6. 分布

分布于太平洋、大西洋、印度洋等。我国北起山东半岛，南至广西沿岸海区及南海诸岛海域均有分布。

7. 渔业及资源状况

常被近海拖网和张网捕获，偶尔也会被围网捕获。

8. 保护等级

国家二级重点保护动物。

四、丽龟

1. 学名

丽龟 *Lepidochelys olivacea* （Eschscholtz，1829），见图 6 - 4。

图 6-4 丽 龟

（自摄）

2. 识别要点

丽龟的识别要点：①背甲盾片光滑，边缘稍许曲折；②中央脊棱圆钝明显；③身体软体部分为粉红色。

3. 同种异名

无。

4. 俗名

无。

5. 形态特征

吻圆钝，上颌明显钩曲。头顶平坦，前额鳞 2 对。背甲心脏形且隆起，盾片光滑，边缘稍许曲折；颈盾宽短，1 块；椎盾 6～7 块；肋盾 6～7 块；缘盾 12～13 对；臀盾 1 对；中央脊棱圆钝明显，无侧棱。腹甲比蠵龟稍大，中轴凹入；无颐盾；喉盾 2 块且前突；肛盾 2 块，后缘截平，其后没有 1 块小盾片；下缘盾 4 对；无胯盾。四肢桨状，前肢较长，具两爪，后肢具四爪。尾短小。背甲、头背、四肢外侧及尾的背面，稚龟时黑色，成体均为淡橄榄色；腹甲、头和尾的腹面、四肢内侧、缘盾腹面，稚龟时为白色，成体均为灰白色稍带粉红色；身体软体部分为粉红色。

6. 分布

分布于太平洋、大西洋、印度洋的温暖海域中。我国江苏以南各省份沿岸及南海诸岛海域均有发现。

7. 渔业及资源状况

常被近海拖网和张网捕获，偶尔也会被围网捕获。

8. 保护等级

国家二级重点保护动物。

五、棱皮龟

1. 学名

棱皮龟 *Dermochelys coriacea*（Vandelli，1761），见图 6-5。

图 6-5　棱皮龟

（自摄）

2. 识别要点

棱皮龟的识别要点：①无角质盾片，皮肤革质，上有 7 条纵棱；②大型龟，体重可达 500 kg 以上；③无爪。

3. 同种异名

无。

4. 俗名

无。

5. 形态特征

吻圆钝，上颌有 2 个大的三角形齿突。头部鳞片排列不规则，颈短粗，不能缩入壳内。背甲略呈古琴形，后端延长成尖矛形，无角质盾片，被以革质皮肤，上面有 7 条纵棱，棱间微凹如沟。腹甲骨化不完全，有 5 条纵棱。四肢呈桨状，无爪，前肢甚长大，后肢短小，善于游泳。尾短小。体背暗褐色，微带黄斑；腹面淡灰色。

6. 分布

分布在太平洋、大西洋、印度洋等热带、亚热带海域。我国沿海有分布。

7. 渔业及资源状况

常被近海拖网和张网捕获，偶尔也会被围网捕获。

8. 保护等级

国家一级重点保护动物。

参考文献
REFERENCES

戴小杰，许柳雄，等，2007. 世界金枪鱼渔业渔获物物种原色图鉴［M］. 北京：海洋出版社.

海外渔业协力财团，1995. 东海黄海鱼类名称和图解［M］. 京都：日本纸工印刷株式会社.

王丕烈，2012. 中国鲸类［M］. 北京：化学工业出版社.

赵盛龙，等，2009. 东海区珍稀水生动物图鉴［M］. 上海：同济大学出版社.

浙江动物志委员会，1991. 浙江动物志 甲壳类［M］. 杭州：浙江科学技术出版社.

《中国名贵珍稀水生动物》编写组，1987. 全国渔业资源调查和区划之十三 中国名贵珍稀水生动物［M］. 杭州：浙江科学技术出版社.

中国水产学会，2010. 渔业统计常见品种图鉴［M］. 北京：中国农业出版社.

Allen G R，1985. FAO species catalog，Vol. 6. Snappers of the world，An annotated and illustrated catalogue of lutjanid species known to date［M］. Rome：FAO.

Collette B B，Nauen C E，1983. FAO species catalog，Vol. 2. Scombrids of the world，An annotated and illustrated catalogue of tunas，mackerels，bonitos and related species known to date［M］. Rome：FAO.

Roper C F E，Sweeney M J，Nauen C E，1984. FAO species catalog，Vol. 3. Cephalopods of the world，An Annotated and Illustrated Catalogue of Species of Interest to Fisheries［M］. Rome：FAO.

Russell B C，1990. FAO species catalog，Vol. 12. Nemipterid fishes of the world (threadfin breams, whiptail breams, monocle breams, dwarf monocle breams and coral breams), An annotated and illustrated catalogue of nemipterid species known to date [M]. Rome: FAO.

附录

常见捕捞品种形态术语及模式图解

1. 外形术语

鱼体外形可分为三个部分：头部、躯干部和尾部。

头部：自吻端开始到最后一对鳃孔（无鳃盖的圆口类和板鳃类），或自吻端开始到主鳃盖骨后缘（有鳃盖的硬骨鱼类）。

躯干部：自头部以后到肛门或生殖孔的后缘，或自头部以后到体腔末端或最前一枚具脉弓的尾椎（肛门前移的比目鱼类）。

尾部：躯干部以后的部分。

2. 可量性状

（1）全长：吻端到尾鳍末端的直线距离。

（2）体长：吻端到尾部最后一椎骨的直线距离。

（3）肛长（带鱼）：吻端到肛门的直线距离。

（4）头长：吻端到最后一鳃孔的直线距离。

（5）叉长：吻端到尾叉处的直线距离。

（6）躯干部长：最后一鳃孔到泄殖孔后缘的直线距离。

（7）尾部长：泄殖孔后缘到尾鳍末端的直线距离。

（8）吻长：吻端到眼前缘的直线距离。

（9）眼径：眼前后缘间的直线距离。

（10）眼后头长：自眼后缘至最后一鳃孔的直线距离。

（11）前吻长：吻端到上颌前缘的直线距离。

（12）口长：上颌正中到口角的直线距离。

（13）体高：体最高处的垂直高度。

（14）背鳍长：背鳍前缘的长度。

（15）背鳍高：背鳍上角到背鳍基的垂直高度。

（16）尾柄高：臀鳍与尾鳍间最低处的垂直高度。

（17）尾鳍长：尾鳍前端到尾鳍末端的直线距离。

3. 模式图解

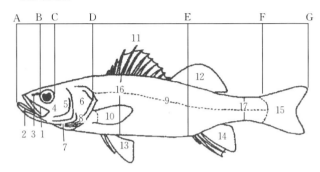

硬骨鱼类形态术语图示

AD 头部　DE 躯干部　EG 尾部　AF 体长　AG 全长　AB 吻长　BC 眼径　CD 眼后头长

1. 上颌　2. 下颌　3. 鼻孔　4. 颊部　5. 前鳃盖骨　6. 鳃盖骨　7. 间鳃盖骨　8. 下鳃盖骨　9. 侧线　10. 胸鳍　11. 第一背鳍　12. 第二背鳍　13. 腹鳍　14. 臀鳍　15. 尾鳍　16. 体高　17. 尾柄高

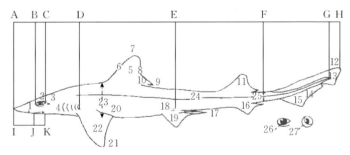

软骨鱼类形态术语图示

AH 全长　AG 体长　BC 眼径　AD 头长　DE 躯干　EH 尾长　FH 尾鳍长　IJ 口前吻长　JK 口长

1. 鼻孔　2. 眼　3. 喷水孔　4. 鳃孔　5. 第一背鳍　6. 背鳍前缘　7. 背鳍上角　8. 背鳍后缘　9. 背鳍下角　10. 背鳍下缘　11. 第二背鳍　12. 尾鳍上叶　13. 尾鳍下叶后部　14. 尾鳍下叶中部　15. 尾鳍下叶前部　16. 臀鳍　17. 鳍脚　18. 泄殖孔　19. 腹鳍　20. 胸鳍里角　21. 胸鳍外角　22. 胸鳍　23. 体高　24. 侧线　25. 尾柄高　26. 瞬褶　27. 瞬膜

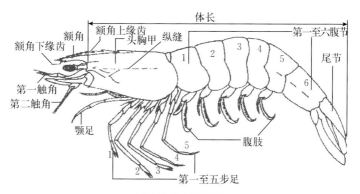

虾类形态术语图示

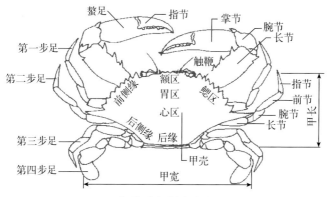

蟹类形态术语图示

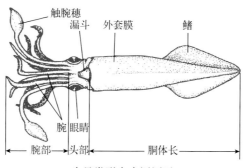

头足类形态术语图示

图书在版编目（CIP）数据

常见海洋捕捞品种与保护物种 / 刘勇等主编 . —北京：中国农业出版社，2021.11
渔政执法海洋捕捞类系列培训教材
ISBN 978 - 7 - 109 - 28860 - 7

Ⅰ.①常… Ⅱ.①刘… Ⅲ.①海洋捕捞－品种－教材
②海产鱼类－水产保护－品种－教材 Ⅳ.①S977②S94

中国版本图书馆 CIP 数据核字（2021）第 215561 号

中国农业出版社出版
地址：北京市朝阳区麦子店街 18 号楼
邮编：100125
责任编辑：杨晓改 郑 珂 文字编辑：蔺雅婷
版式设计：王 晨 责任校对：吴丽婷
印刷：北京通州皇家印刷厂
版次：2021 年 11 月第 1 版
印次：2021 年 11 月北京第 1 次印刷
发行：新华书店北京发行所
开本：850mm×1168mm 1/32
印张：6.5
字数：200 千字
定价：78.00 元